U0220526

2020 China Interior Design Annual

2020 中国室内设计年鉴（2）

陈卫新 / 主编

辽宁科学技术出版社
· 沈阳 ·

目录

娱乐休闲 ENTERTAINMENT LEISURE

拿骚 004
水相事务所 008
翠贝卡南京河西旗舰店 012
韦德伍斯健身会所 016
愈创木瑜伽 020
琢心社 022
易间 026
常州溧阳指沐 SPA 030
一舨 034
环球贵族 · 土耳其轰趴馆 038
言鹿生活会客厅 042
Carpe Diem Bar 046
青籁养身 050
One Trend Lounge Bar 潮向酒廊 054

办公 OFFICE

拜腾新能源汽车生产基地办公中心 058
如涵文化办公室 062
U-Cube 光明共享办公空间 066
太子广场招商展示中心 070
六之工作室 074
柳宗元工作室北京 078
美晖办公室 082
广州环球梦大厦办公样板间 086
丰疆科技办公室 092
正荣 · 天寓 096
葆润集团办公室 100
寸匠熊猫办公室 104
广东熊猫文化产业办公空间 108
CHERRY 宜侃总部 112
共和都市办公室 116

文化教育 CULTURE AND EDUCATION

黄金岁月 · 追忆展厅 120
沣东阿房书城 124
理想国 · 崇艺幼儿园改造设计 128
简境园创学社 132
思南书局诗歌店 136
上海中心朵云书院旗舰店 140
天津和美婴童国际幼儿园 146
望春堂 150
悦动 · 新门西之晓书馆 154
章堰文化馆 158
杭州东坡大剧院室内改造 162

CONTENTS

民宿

HOME STAY

天籁 · 海景度假酒店设计 166
瓦筑 · 国子监精品民宿 172
画驻 · 不见山 176
大理十九山 180
杭州西湖明月楼 184
水塝院子民宿酒店 188
七间房乡村度假酒店安吉分店 192
原乡芦茨 196

酒店

HOTEL

西塘 næra 良壤酒店 200
既下山 · 重庆 206
隐居武康路 · 精品酒店 210
北京世园凯悦酒店 214
深圳大梅沙 CZD HOTEL 海滨酒店 218
MeeHotel 觅居酒店 222
阳朔四季云栖酒店 226
河南济源老兵工酒店 230
南京凯宾斯基酒店 234
南京夜泊秦淮南都会酒店 238
大理海纳尔云墅 242
MANSIONS 幔山酒店 246

餐饮

RESTAURANT

古食初味餐厅 250
欧社上海博华广场店 254
th é ATRE 茶聚场北京王府中环店 258
花禾牛浦东店 262
KiKi 面 266
莫糖 MO'S CAKE 270
朴墅 · 石虎山壹号店 274
深圳喜茶 LAB 旗舰店 278
Lolly-Laputan 儿童餐厅 282
苏州盐业大厦宜必思尚品 286
口八丁手八丁日本料理 290
阿里疆新加坡店 294
胡须有你 298
喜粤 8 号 302
真鲷馆 306
YooYuumi 亲子餐厅丽都店 310

设计师简介

设计师简介 314

1｜3 2｜4
1. 吧台的中式窗花元素
2.LOGO 墙
3. 第二段楼梯的霓虹灯悬挂在天花
4. 第一段楼梯墙面以青砖为基层

拿骚

设计单位：更新设计
设　　计：周游
参与设计：廖金燕、胡翚羽
面　　积：810 平方米
主要材料：灰砖、麻绳、木板、不锈钢、环氧地坪
坐落地点：北京
完工时间：2019 年 8 月
摄　　影：Emma、陈长江

“拿骚（Nassau）”是一个位于北京市海淀区的酒吧项目，业主解释取名的缘由：拿骚是巴哈马的首都，很早以前是加勒比海盗分赃、喝酒、寻欢作乐的场所，而这样的场景和现今的年轻人以酒会友，无话不谈的聚落极其相似。在我们看来“拿骚”的“骚”字，也可以联想到许多文人骚客以酒会友的故事，其中以“曲水流觞”的典故最为有名。王羲之以文会友与大家聚坐在清溪两旁，在上游放置酒杯，酒杯顺流而下，停在谁的面前，谁就要赋诗一首，如若不能则须满饮杯中美酒。从“曲水流觞”图里提取了竹、石、水这三个元素，再加入月、亭、窗花等中式元素与其相交融。再结合拿骚的海盗文化，比如海洋、海岛、麻绳等概念，通过西方文化和中国文化的碰撞，从而丰富空间的形式语言。

门口悬挂着酒吧的名称“NASSAU CLUB”，浅粉色的灯光吸引年轻人到此小酌或畅饮。门头由海盗船上长短不一的木板纵横交错搭建而成，在光影的投射下形成斑驳的肌理。夜幕降临，玉盘似的“满月”悬挂在正中央墙面上，指引人们进入两段趣味十足的楼梯。第一段楼梯的墙面以青砖为基层，将透光的玻璃砖和纹理不一的石砖，通过错落的手法分散在墙面上。进入第二段楼梯时，霓虹灯悬挂在天花上，海盗船上升帆的工具“麻绳”围绕在四周形成一个艺术装置，吸引人们探索这个神秘的酒吧。

跟随“满月”的指引进入到酒吧内部，首先进入视线的是酒吧 LOGO 墙，从蜿蜒曲折的流水地面到仿造石墩曲线生成的墙面造型，都充分体现着“曲水流觞”的主题概念，使人仿佛置身于山水石林。地面的流水将人们引向吧台区域，吧台采用了大量形式不一的中式窗花元素，用瓦片做脚踏，复古又不失趣味。吧台柜体大胆选用了中国红的色调，加上暖光源的融合和绿色吧椅的点缀，烘托出了地下酒吧的氛围。

“人生能几月圆时，歌之舞之复蹈之”，散座区的墙面设计来源于“曲水流觞”图中的“竹”，同时将“山”的意向结合进来，使空间增添了几分动感。在“曲水流觞”图中，蜿蜒的清溪旁散布着形状各异的石墩，我们将这些石墩转化为空间中的桌椅，从上到下层层递减，而这些石墩又可被看做是拿骚的海岛，地面上的溪水亦可被视为加勒比的海洋。通过一个门洞可以来到相对私密的卡座区，竹林隔断连绵起伏。翠微亭、沧浪亭、沉香亭等是每个卡座的名字，古代元素与现代霓虹的碰撞，产生了互相冲突又彼此融合的视觉张力。

在桌游区我们把中国最古老的桌游“麻将”作为主要的空间元素，将桌游这个舶来品与中国文化结合在一起。墙面上错落有序地排布着一根根细小的金属圆管，这也是用另一种语言将“竹”元素在空间中再一次呈现。

“明月几时有，把酒问青天”，月亮阴晴圆缺的自然变化也赋予了我们设计灵感，从大门入口的“满月”造型到内部逐渐转换的“残月”，各种月亮悬挂在深邃神秘的过道上，既把空间串联在一起，也寓意着夜生活的开始和循环往复。

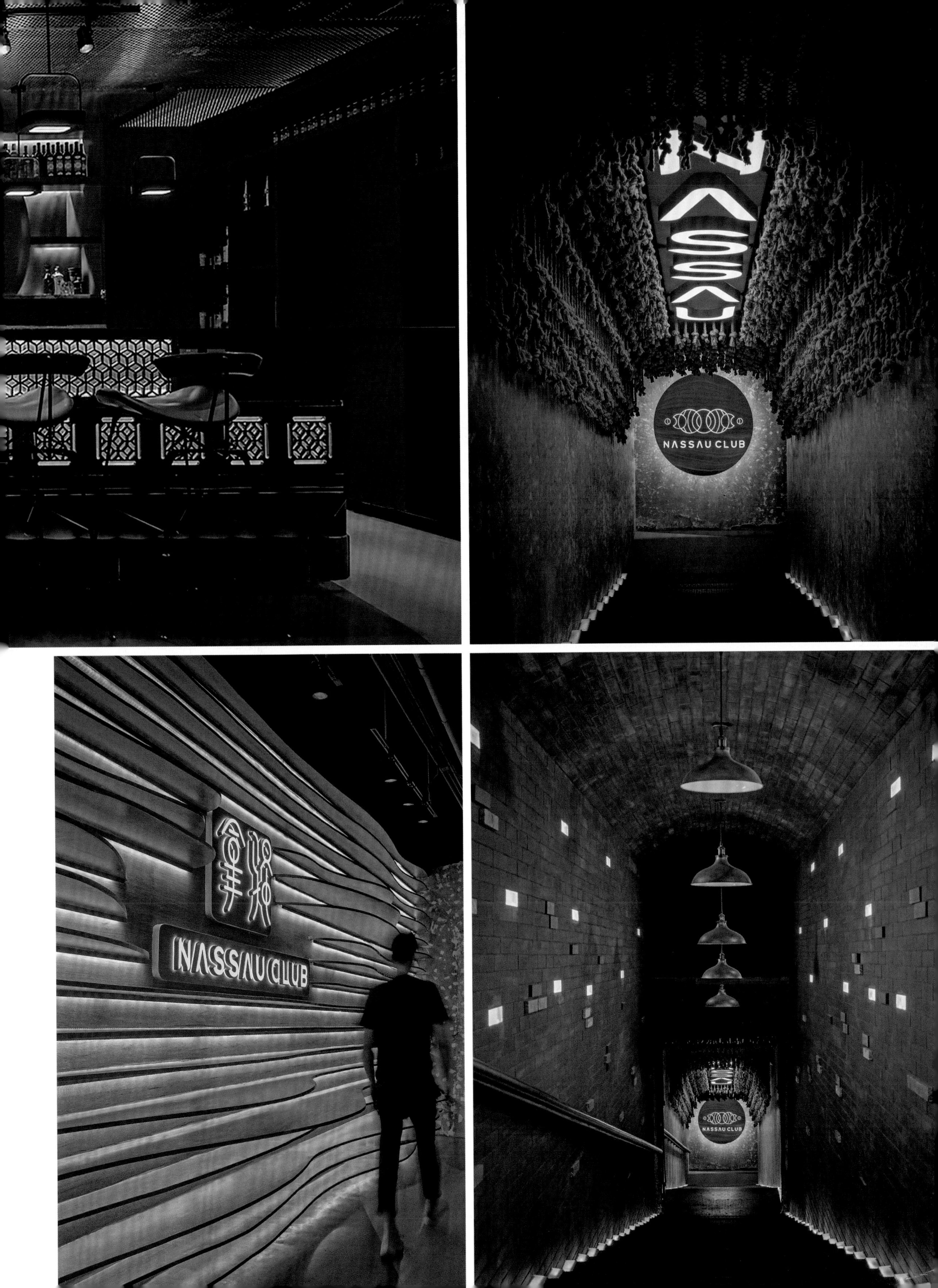
NASSAU CLUB
NASSAU CLUB
NASSAU CLUB

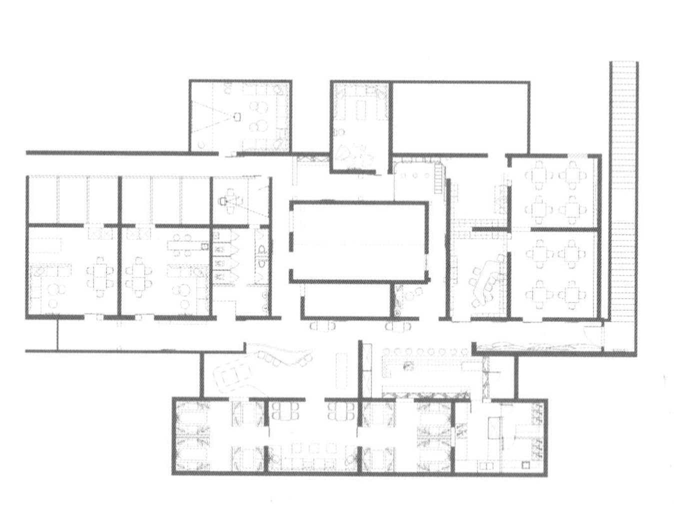

平面图

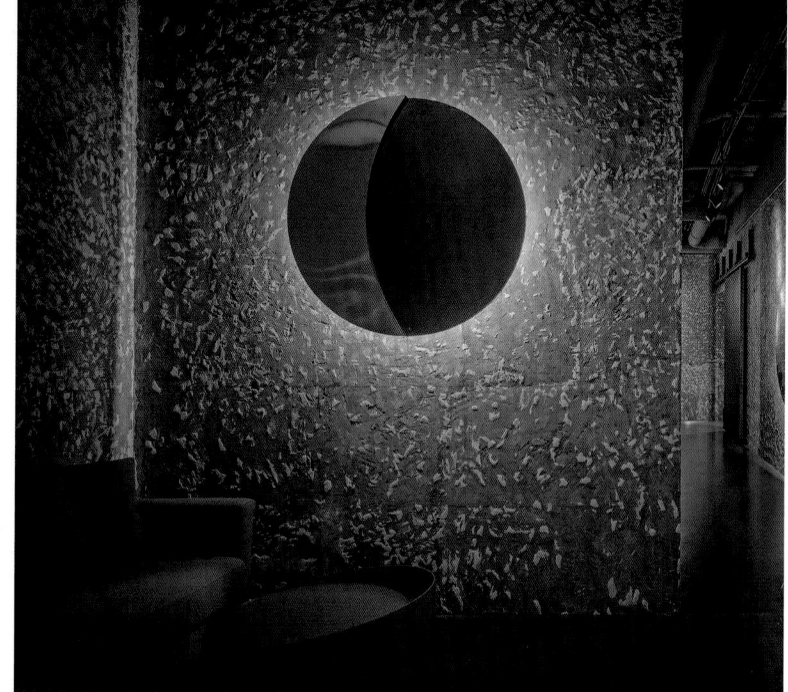

1. 桌游区
2. 月亮悬挂在过道
3. 石墩转化为座椅
4、5. 错落有序排布的金属圆管

水相事务所

设计单位：水相设计
设　　计：李智翔、郭瑞文、林亭妤、戴佐颖
面　　积：280 平方米
主要材料：亚克力、木地板、红铜、手工漆、透光薄膜灯、观音石、不锈钢、水磨石
坐落地点：北京
完工时间：2019 年 7 月
摄　　影：李国民、LenmuG

1. 水蓝色空间予人宁静

平面图

凝结的时光展

以形式封存记忆，直到光靠近。一入门，冷冽前卫的水葱染实木地板的正中央，长方形玻璃盒漾着暖光，里头以苔藓为主素材的装饰如云朵漂浮。这组植栽艺术装置原是椅凳，在米灰色立面纯净的墙体环绕下，一端隐入雾面磨砂亚克力隔屏，模糊人影看似从美术馆票亭的开口探出，原来这是一连串中医诊疗、SPA 护理检测的空间起点。

艺境策展，凝结的时光
跳脱年岁久远的老药柜背景，没有陈年药材的古老气味，北京三里屯启动的“水相事务所”应用美容 SPA 和科技气质扭转中医古老印象，将把脉问诊、抓药食疗的医理当路径，替访者串连专属疗程，卸除身心淤积的疲累，人们可借空间、饮食、SPA 共塑当代五感文化，体验中医内外养生的倾古之道。无论是五行哲思背景、本草纲目细数的琳琅药材，皆透过设计转注手法找到新的感官表现形式。我们希望在科技医理环绕的场域富含使人情感驰放的温柔，温柔来自于时空抽离的缓慢感、来自于精致艺术的回味无穷，因而有了“凝结的时光展”作为设计思维起点。

形式格放，切剖的时光
关于时间最切身的论述莫过于生与死，我们将标本视为时间的有形载体。面部护理区座位前方的墙面示范了标本装置带来的艺术张力，近百种中药植物矿物标本以少见的草本姿态静置于整齐排列的发光玻璃方格间。药材原该释放的气味、滋味被凝结而消逝，改用另一种灵性滋养着视觉和想像力。基地中心的头发护理区，刻意抬高地面并以玻璃帷幕圈起，正上方投射均质且相对于周围格外明亮的光源，发光薄膜映着随机洒落的叶影，形成充满科幻情境的展览装置。无论是平台上进行的行为、周围人影穿梭的流动节奏，在此组成没有时间开端和终点的表演艺术，观者仅见故事的吉光片羽。室内斗拱、墙体造出非连续断面造型，延续了艺术标本的切片概念，让策展表现界面更显多元立体。

文本转注，重组的时光
药材之外撷取中医文化的集体记忆符码，转化成符合前卫科技的装饰元素。问诊区解构了既定印象的实木药柜，转注为方整排列的玻璃容器，盛着容量彩度高低不一的蓝海，静止如固态、漂浮如灵魂。轻巧色块阵列浓缩了药材、问诊、抓药仪式与千百年智识的神韵，前卫场域又托衬古老的诊疗行为，超越任何画作字帖能传达的戏剧张力。另侧茶歇区用了数万根深浅不一的蓝色亚克力棒，排列拼贴、打灯渲染，组出如山、如雾、如雨起伏的节奏层次，利用当代素材发扬蕴藏中式意念的泼墨山水，情绪内敛、点到即止。透过大幅落地窗，极简无华的建筑与装置造型，凝聚足以抗衡窗外扰攘的平静意境。在洗手间也藏着惊喜，由台面到墙上包裹厚重而光泽隐晦的纯铜，仅在面部高度局部打磨成光洁镜面，改变的界面属性，使人不期然瞥见清晰倒影，单纯之物也能成为令人驻足玩味的装置艺术。

感官沉浸，漂浮的时光
来到茶歇区，感官持续笼罩在品牌主调的水葱色里，室内如洞窟的斗拱、弧墙以及回绕曲折的视觉轴线，形成难以与外同步的模糊时空脉络，仿佛踏入太空或深深没入水底，由无尽的漂浮与绝对的孤立静寂组成一种恒久、无人知晓的平静。由于空间属性，照明不像其他住宅或商业空间必须全然均质明亮，或由上而下聚光直接强调某物，所以许多区块仅用最低限度的光，甚至觉察不到光的起点。它温和映衬在建筑量体的起伏错叠间隙，更让细数时间的日光流窜于狭长甬道的层层开口、引路。在幽暗的场景中，我们借由装饰器物搭配明确亮度，让艺术成为光的发散中心、展览的核心，当光的来源从立面、从下方漾起，它不是霸道直述的功能，它变成环境、变成艺术、变成梦里的光阴。

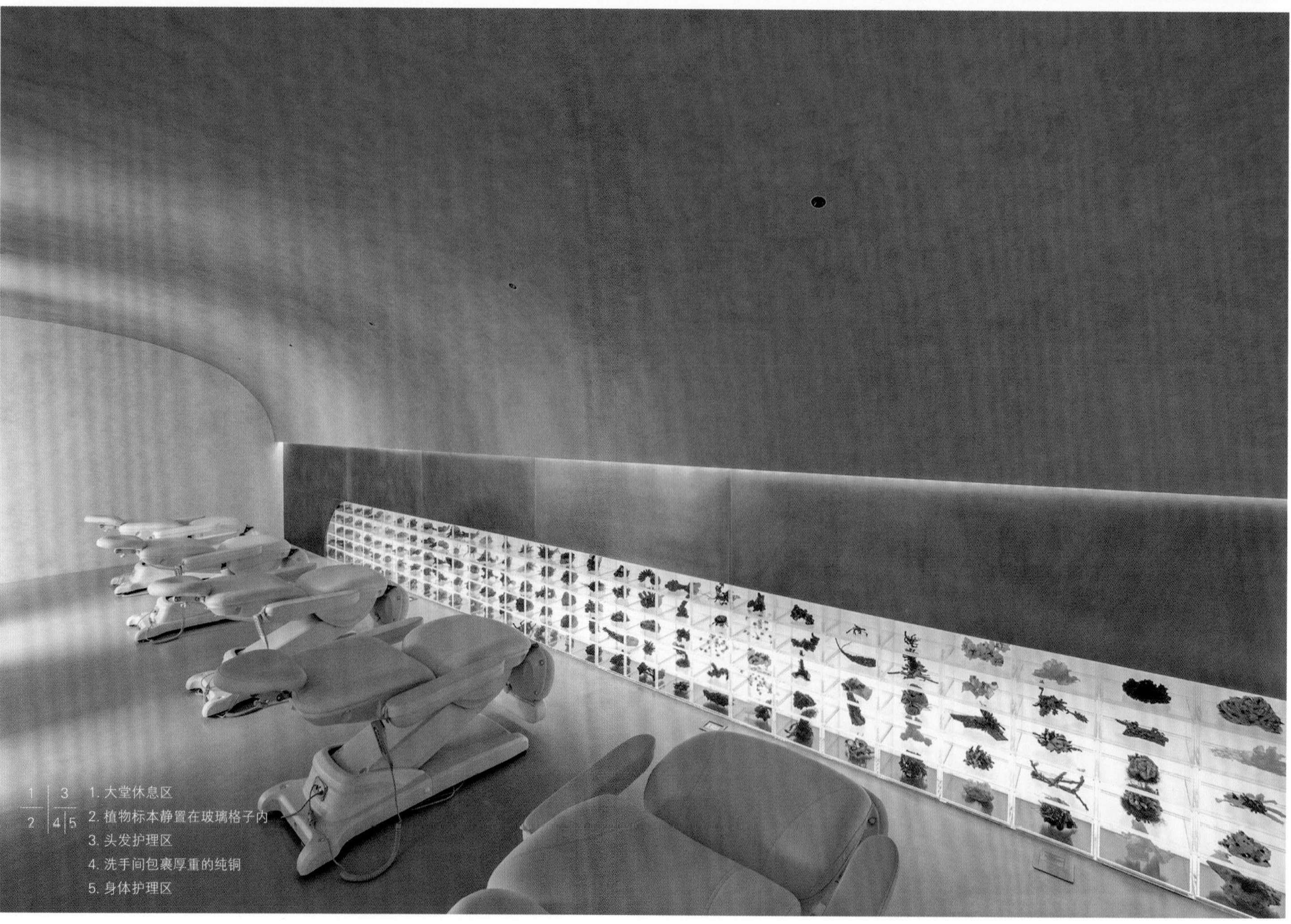

1 | 3
2 | 4 | 5

1. 大堂休息区
2. 植物标本静置在玻璃格子内
3. 头发护理区
4. 洗手间包裹厚重的纯铜
5. 身体护理区

曙
風
NOESA

COFFEE / BRUNCH / WESTERN FOOD

WHISKY / BEER JAZZ BAR

翠贝卡南京河西旗舰店

设　　计：许智超、倪鹏飞、解刚
参与设计：吴壮、陈雷、严庆、秦正保、贡方圆
面　　积：750 平方米
主要材料：木饰面、烤漆不锈钢、镀铜不锈钢、长虹玻璃、瓷砖
坐落地点：江苏南京
摄　　影：Emma

一年多前，南京一位知名酒吧的老板找到我们，说他想要开一家现有酒吧的分店。项目的体量充足，整体分为四个大版块，整体为长条状，业态上被分为前部的简餐、中部的威士忌吧、内部的欧洲菜定制餐厅、后部的啤酒吧，应该是一个街区化的呈现，四个版块并不是完全独立的，有主题贯穿以及情绪的连接。设计师对每个空间都进行了一个场景设定，轻松惬意的简餐厅，时尚内敛的威士忌吧，简洁动感的欧洲菜定制餐厅，以及欢快活跃的啤酒吧。它们是一个相辅相成的丰富业态，满足人群多方面的消费需求。空间之间通过大小窗口、门洞、留空，使场景交错，产生时空交错的戏剧感。

简餐厅是白天营业的部分，所以设置在临街的前区，精简到蓝白两种主要色彩以保证空间的纯净，一整面可以完全打开的折叠门，可以在春秋最舒适的时候，让外摆座位和内部座位融为一体，引入外部相邻的公园树丛，创造最佳体验感。

在空间内部，简餐和威士忌吧之间实际上气流共通。设计师架起了一个平台，用来放置甲方（JACKY）的一台古董老爷车，车身的两面分别朝向简餐厅与威士忌吧，两个空间的人各自有了不同的观赏角度。平台下方的方格窗特别控制为相对较小的尺寸，让两个空间保持连通，又内涵朦胧。

威士忌吧本身以吧台为核心的环绕式布局，使大部分客人都能与吧台产生互动。吧台背后的部分设计师进行了抬高，夹合出了一处更私密的雪茄区，也增加了空间层次。在高中低三段高度都设置了相当有体量感的陈列柜，将来自各个国家的美酒填充进去，发散着醉人的光泽，营造出“藏酒室”的氛围感。顶部的木方格选用了镀铬灯泡，阻隔了光线向下的影响，变为横向折射，使顶面成为灵动又不抢眼的丰富层次。

欧洲菜定制餐厅是一栋完全独立的纯白色建筑，建筑内部同样是纯净的白色，座位顶部悬挂下一排仿真绿植，压缩了面对面用餐双方的距离，提升了亲密感。一整面白色的墙面用作全景投影的幕布，不同的VIDEO让客人或身处漫天繁星的夜空，或潜入深邃的海底，忽然一头巨大的蓝鲸从身边游过，十分壮观。

啤酒吧在整体街区的最后端，也是整个业态中最厚重最丰富的部分。内部的几个主要建筑围合出了一处“美国小镇”的街道，舞台上来自北欧的乐队不间断演出，舞台下客人们在走道间扭动身体。空间里陈列了甲方从世界各地收集回来的各种物件，丰润了空间的维度感。“沉浸感”和“场景感”是我们提出的两个新概念，这使得最终呈现出来的效果有着传统英国酒吧的硬朗和美国酒吧的厚重，平衡设计和商业之间的关系是我们一直秉持的原则。

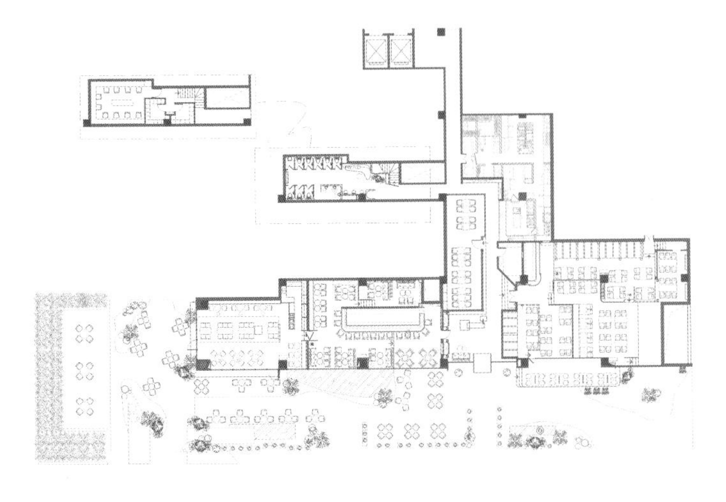

平面图

| 1 | 3 |
| 2 | 4 |

1. 简餐厅入口
2. 纯净空间
3. 欧洲菜餐厅独立的白色建筑
4. 墙面作为全景投影的幕布

BRASSERIE DU
BOCQ
Kwak
LÉGENDES
Duvel
DELIRIUM
tremens
La
Corne
Little
BOURBON
WHISKEY
J.E.TAYLOR, PACIFIC COAST AGENT,
PORTLAND, OREGON
WIEZE
CAULIER

1. 啤酒吧吧台
2. 古董老爷车
3. 舞台会有乐队不间断演出
4. 私密雪茄区

韦德伍斯健身会所

设　　计：杨基
面　　积：1,500 平方米
主要材料：不锈钢、水磨石、人造木
坐落地点：重庆
完工时间：2019 年 6 月

几乎所有的商业空间设计师都更在意设计的“形式感”，我却更偏重于“精神”主观原理，在我看来一个人数比较多的商业空间是有必要有义务引导客户群体关注当下全球范畴内的资源问题，比如自然环境、环保、东西方文化对撞等等。目的在于给大家在健身之余一点点心灵的启迪，本次设计的主导思想是来自精神方面的“自我救赎”。

近几年中国的城市化进程突飞猛进，但环境的污染问题尤为突出，结合到具体的健身人群，尤其是晨跑的人群更为明显。健身本身是为了健康，而实际上，糟糕的空气会因肺活量的扩大而吸入更多的有害物质而损害健康。因此在一个被污染的环境里健身到底是有益健康还是有害健康？所以用戴防毒面具的人模来装饰空间才是设计的动机，目的是为了警示健身的人能力所能及从自我做起来保护、珍惜目前拥有的环境。

提起“十”字很多人会联想到医院、教会等等，但我想到的是伏特加酒，在很多年前教会人是为了消毒而制作的医药品，后来才被教士当成酒饮用，但这并不影响它的医药品质，透明、纯净、消毒，完全形而上的东西。在东方人眼里，人的最高境界是超越物质的精神追求，“形”是物质，比“形”更高的是“无形”，那就是精神思想的最高追求。在我设计的作品中，入口被设计成十字，真正的用意是强调，让来此健身的人们从中有一点感悟，通过长期沉浸式体验进一步在心灵上“自我救赎”，即精神上的消毒，这就是我的灵感。

1 | 2 / 3

1. 前台接待处
2. 银色走廊
3. 防毒面具的人模暗寓保护环境

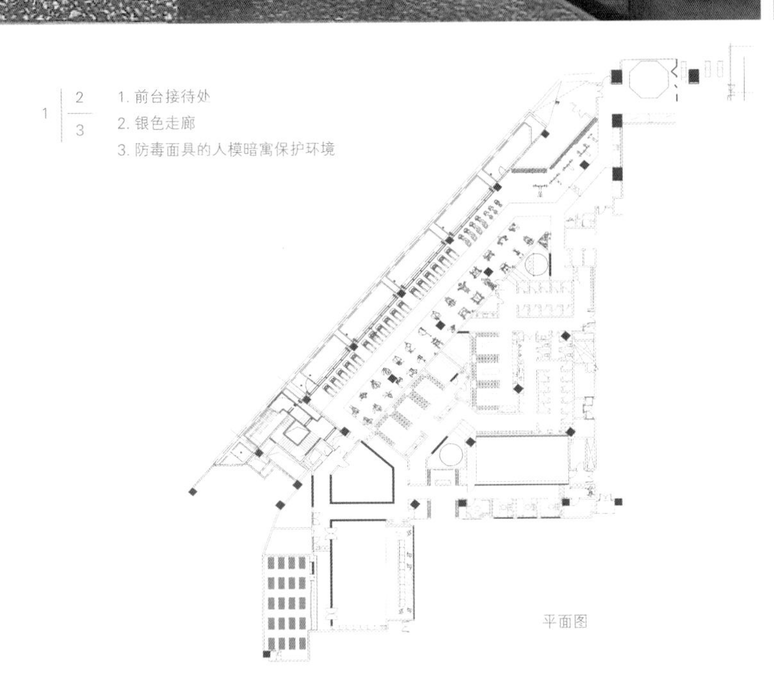

平面图

1. 私教室
2. 普拉提训练室
3. 力量训练区
4. 休息区

FEDERAL RESERVE NOTE
FF 988941302 A
F8
UNITED STATES
OF AMERICA
100
FF 988941302 A
100

愈创木瑜伽

设计单位：HOOOLD 设计事务所
设　　计：韩磊
面　　积：210 平方米
主要材料：夯土、水泥、木饰面
坐落地点：山西太原

城市边界，我们希望从这个点出发，深入探讨 YOGA 和人的关系。城市化和科技发展的速度加快，每个人彼此对外或对内都有边界的存在、最理想的空间应该是打破边界，让人与街道与自然相互粘黏。将重点转移到触觉和感官体验上，将精神、肉体和灵魂三个元素纳入设计中。使人可以在空间里进行内向的、仅针对自己的思考。设计采用了很多原生态的材质去表达空间的情感。将夯土、水泥试图驯服，引用到室内表皮。形态上则用“入中”的建筑构架对空间进行二次构建。这种遵循本能的空间设计令使用者能够摆脱矫饰，自发地对周围环境做出反应。

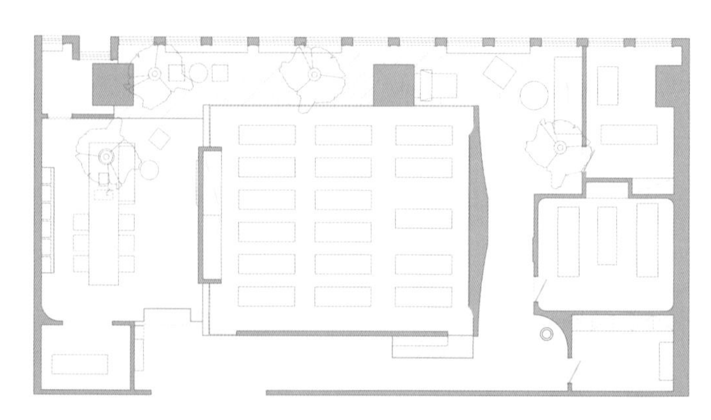

1. 将夯土水泥引入室内表皮
2. 空间细部
3. 原生态的材质表达
4. 瑜伽训练

琢心社

设计单位：绣花针公司
面　　积：2,000 平方米
坐落地点：北京
完工时间：2019 年 7 月

琢・琢玉成器，经过修磨锻炼，方能成器成才。
心・修心养性，通过自我观察，达到完美境界。
社・里社众人，量变到质变，一生二、二生三、三生万物。

人生是一场独自的修行，谋生亦谋爱。人生的旅途中，大家都在忙着遇见各种人，以为这是在丰富生命，可是有价值的遇见，是在某一瞬间重遇了自己。那一刻你才会懂得，走遍世界，也不过是为了寻找一条走回内心之路，有的路用脚来走，有的路用心测量，走好已选择的路，别走好走之路，才能拥有真正的自己。琢心社，正如一场修行，用自己的内心，慢慢找寻，琢磨，体悟人生之路，走向灵魂的高点。

在空间中，有狭隘的巷道，也有高阔的庭院，穿梭于内心，游走其中，几个老把件，几件艺术品，质朴亲切。古老的踏步，斑驳的柱廊，厚重的石墩手盆，仿佛从当代空间又穿越于 300 年前，整体空间与环境是那么和谐与贴心。原木色墙，配合于老墙与白墙，水墨相宜，石窟洞窗，一束光，如同佛心指引欣然沉静。琴、棋、书、画、诗、酒、花、香、茶，如同油盐酱醋调剂着我们不同的生活，不同的心灵历程。选择不同，生命的归宿不同。人生是一场执意的奔忙，若能放下，执着一念，只在庸常中一篇书法，一杯清茶，一份从容。

在如诗如画的空间中，让思绪释然，让心灵明净而旷达，将心事在忙碌中收拾，晾晒于绿荫处静静停歇。琢心社，便多了一些舒逸，少一些杂念，用微笑看风落尘香，看雨绕篱墙，风景这边独好，温馨而从容，这里就是心灵的归宿。

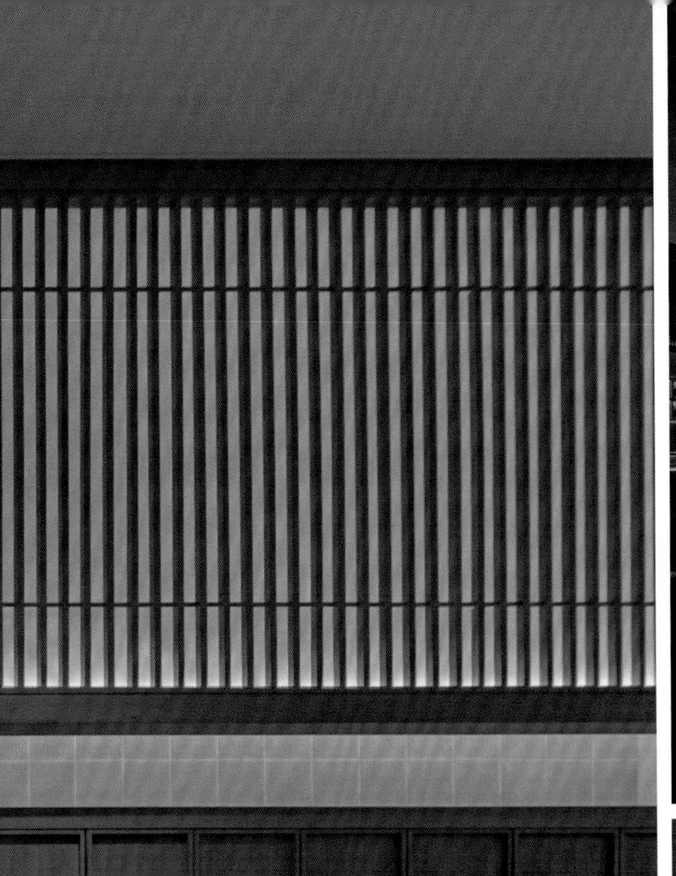

1 | 2
  | 3

1. 前厅接待处
2. 灯光打造宁静天地
3. 餐厅包间

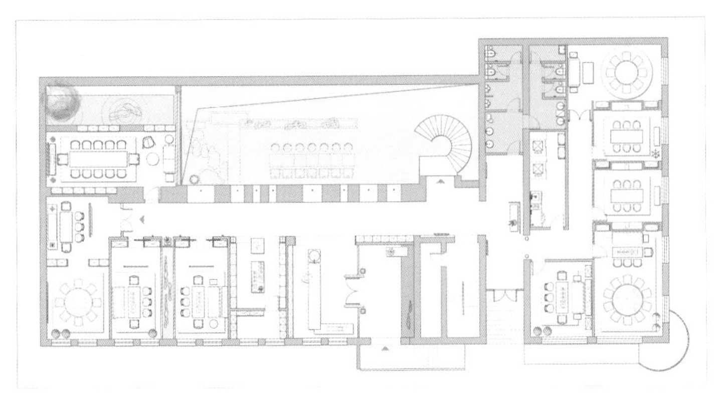

1F 平面图

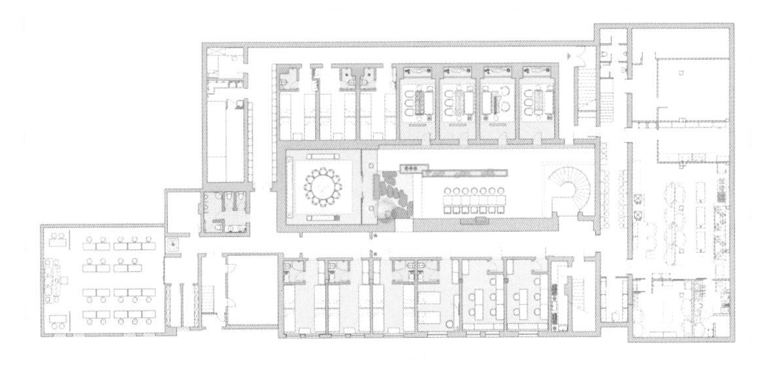

B1 平面图

1 | 3
2 | 4

1. 墙面上大小不一的洞口
2. 四季厅
3. 斜面屋顶引入蓝天
4. 卫生间

1. 店铺立面
2. 平面分割为大小不同的矩形区域
3. 吧台

易间

设计单位：古鲁奇公司
设　　计：利旭恒
参与设计：许娇娇、张晓环
灯　　光：石客照明
面　　积：790 平方米
坐落地点：北京
完工时间：2020 年 2 月
摄　　影：鲁鲁西

把一件容易的事情，用多种方式去思考，在简单里也能找到极致与变易，用一个有限的空间，去容纳简单的身躯复杂的情绪，并让空间在情绪互动中产生特殊的意义。

这里不仅仅是一处有氛围的咖啡馆，这里更是一个多功能空间，供人们交流与互动，可满足小型演出、沙龙、展览、办公、会议等需求。

易间为中国网易旗下的咖啡品牌，位于网易北京总部大楼，室外是大楼的下沉广场，由于地址的开阔性，阳光透过大大的落地窗照射进来，即使是在寒冷的冬季，也暖洋洋的。空间中有两个门是可以通往其他空间的重要通道，规划平面需留出主要通道。平面被通道分割为大大小小的矩形区域，按照功能分区。

空间，物理性表现为长度、宽度、高度。被形态所包围、限定的空间为实空间，其他部分称为虚空间，虚空间是依赖于实空间而存在的。离开实空间的虚空间是没有意义的；反之，没有虚空间，实空间也就无处存在。

整体空间看似简单纯粹甚至了无新意，实际上设计将简单的 3 个盒子让空间产生了虚实的结构关系。将 3 个“盒子”置入到场所中，透过盒子不同的开口方向产生不同的正和负空间。满足了各种不同的功能，比如吧台区、多功能区、卡座区等。盒子的不同开口方向和尺度，呈现出有趣的对比关系和节奏：私密与开放、实与虚、幽暗与明亮，传达出不同的空间情绪。人在里面活动时，空间和人的关系，以及人与人的关系变得更紧密而有趣，同时获得一种沉浸式的空间体验。

1、2. 充足的阳光予人愉快的情绪
3. 多功能区
4、5. 盒子有不同的开口方向

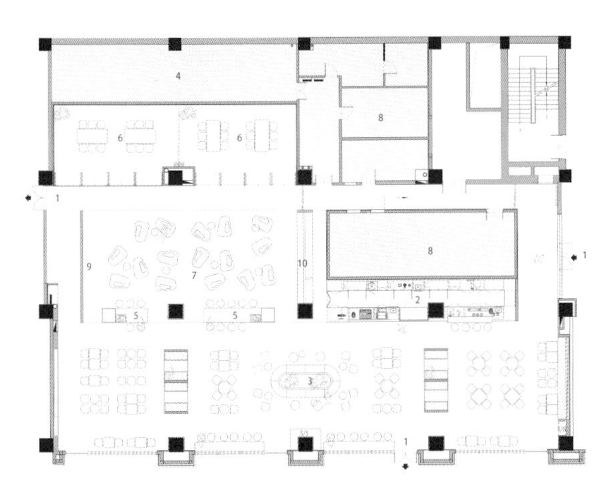

平面图

常州溧阳指沐 SPA

设计单位：无锡未视加空间设计有限公司
设　　计：孙传进
参与设计：胡强、徐航迪
面　　积：1,300 平方米
主要材料：乳胶漆、大理石、金属板、木饰面、原石
坐落地点：江苏常州溧阳
摄　　影：陈铭

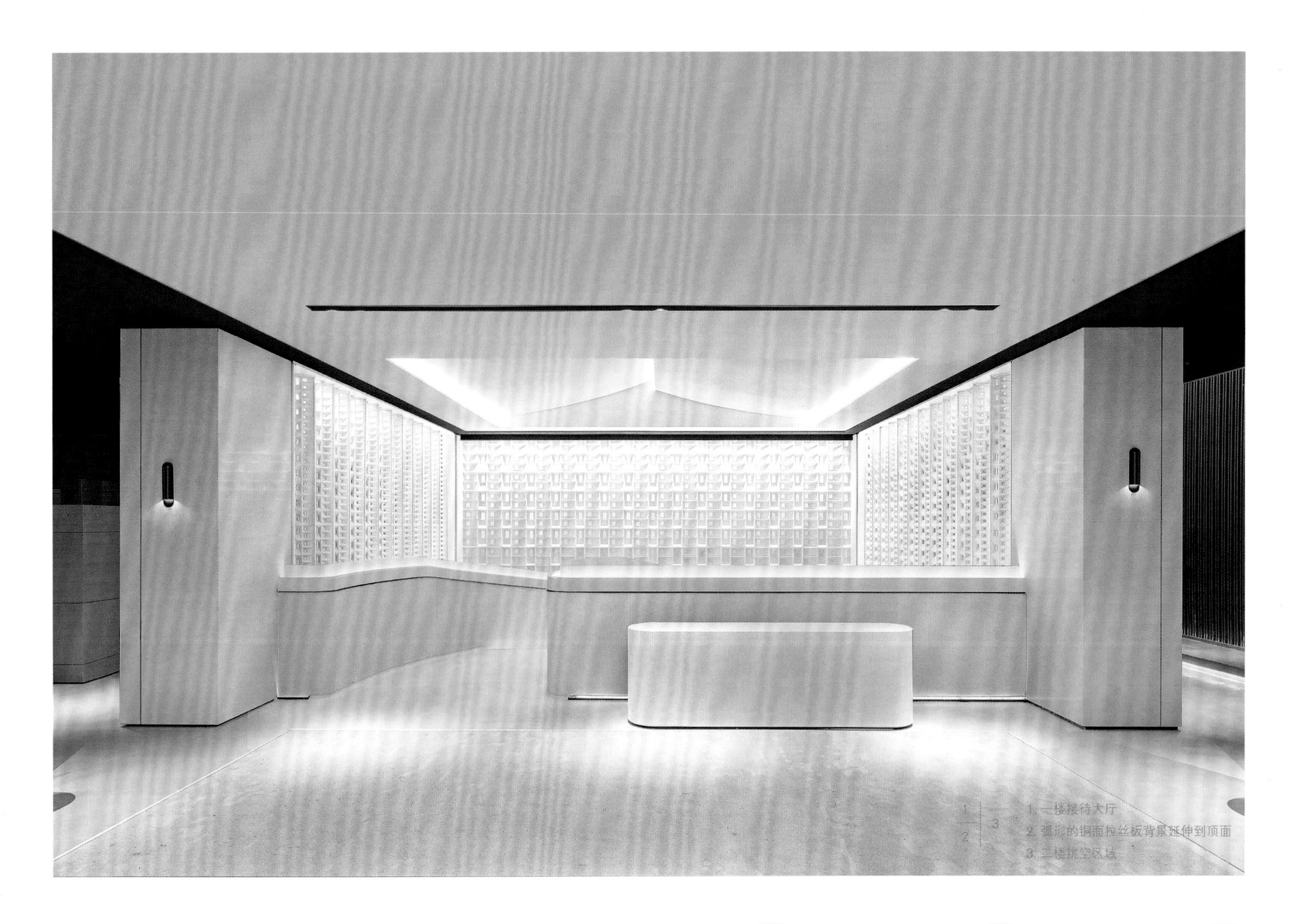

1. 一楼接待大厅
2. 弧形的铜面拉丝板背景延伸到顶面
3. 二楼挑空区域

本项目坐落于以山水闻名的度假城市溧阳，原址是一家酒店二层客房的建筑结构，可用层高不到3.5米，且顶面原有大型梁柱结构与设备管道较多，没有可以充分利用的管道井，而对于休闲服务项目而言空间的体验感和舒适感便是灵魂。

透过一楼橱窗初见指沐，英朗的块面与曲面相互融合如同儒雅的绅士，风度翩翩，侧门入口退入空间形成探索的通道。一楼大厅休息区弧形的铜面拉丝板背景一直延伸到顶面，充满仪式感和围合感，对应吧台处则压低顶面，纵横交错的空间层次感极强，让人忽略了原空间的高度。为了让一楼与二楼相互关联，设计师掀掉二分之一的楼面，雕塑般的楼梯上升与延展，跃动的韵律凝练出灵动的空间气质，半通透的楼梯背景环绕竖立到二楼直冲云端，不规则的方块组成挺拔立体的背景，用光点亮整面挺拔的墙，一池静水，内置青石，倒映出平静的光影。

上到二楼，人字的顶面仿佛进入安静的冥想空间，巧妙地躲过不可改变的管道，满足功能需要的同时制造出空间的视觉焦点，营造出宁静与活泼共存的环境体验。浅色大理石表面经过反复打磨，配合细腻的高级木纹理材质，表达精细优雅的设计理念。为了使独立私密空间不显沉闷，制作了独立的景观，仿若被自然环抱，大量具有呼吸感的材质叙述着设计的灵魂。二楼休息区温柔的灯光照射在坚硬挺拔的石面上，产生身处于山峦景观的抽象空间的错觉。

二楼通道悬浮的墙体隐隐透出柔光，空间通透层次鲜明，半遮掩的的绿植穿梭在墙院边，以石为山与树同影。设计师把自然和城市搬进空间，叠加耸立的建筑中又可见到斑驳的光影，让人不禁想起阳光在树叶中流连，感受整个空间独特的纵深感和层次感。

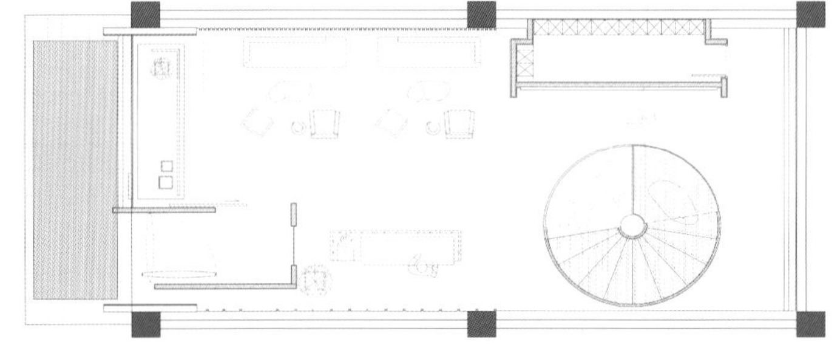

1F 平面图

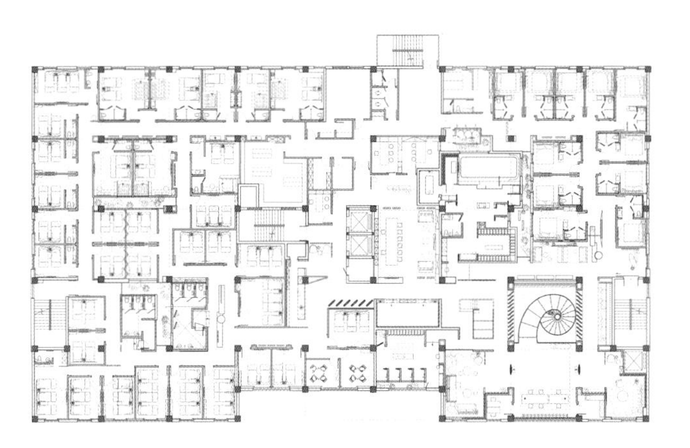

2F 平面图

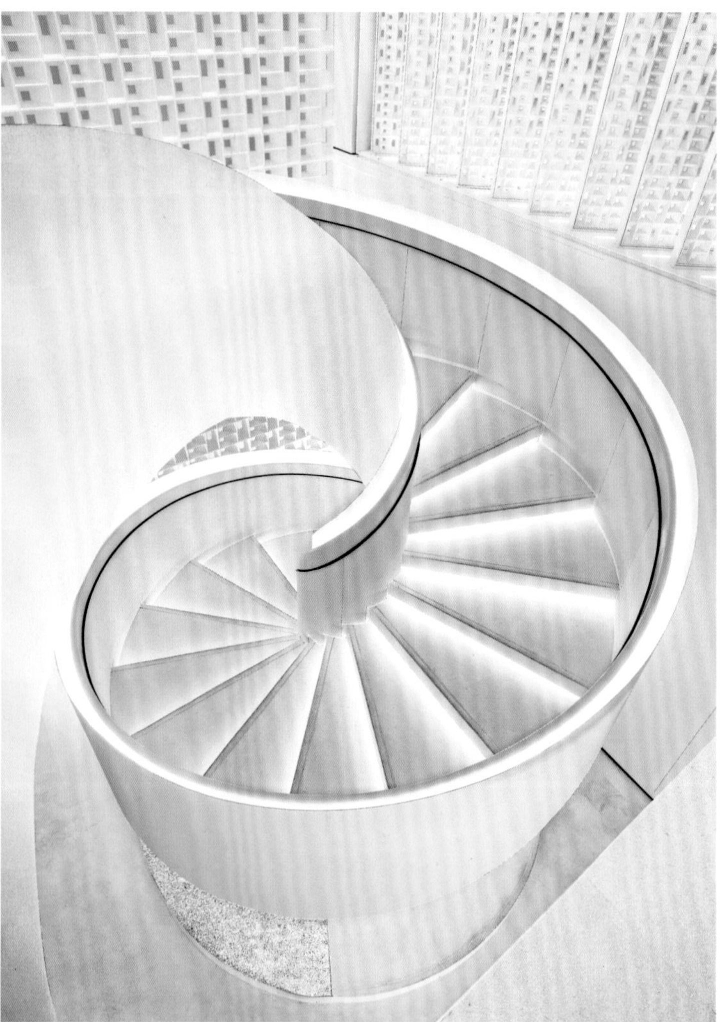

1. 走道
2. 悬浮的墙体透出柔光
3、4. 雕塑般的旋转楼梯
5. 二楼书吧
6. 墙面坚硬挺拔的石面如山峦

一觥

设计单位：瑞图装饰设计有限公司
设　　计：吴作光、黄志勋
参与设计：周毓胜
灯光设计：VVG 瑞极照明项目
面　　积：265 平方米
主要材料：不锈钢板、编制地毯
坐落地点：浙江温州
摄　　影：文耀影像

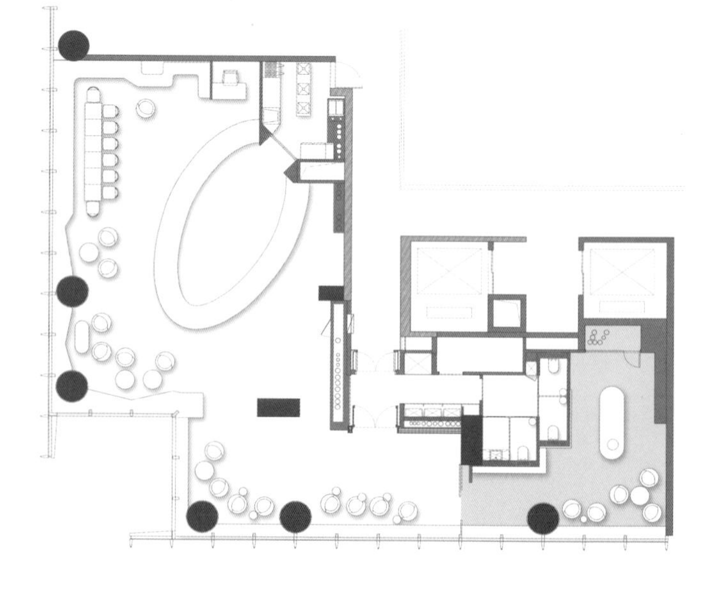

平面图

一觥一笑醉逍遥，一曲一笑戏浮生

"射者中，弈者胜，觥筹交错，起坐而喧哗者，众宾欢也。"这是欧阳修笔下的纵酒欢愉。又或许，我们可以赋予酒更多的意义。于是乎，"一觥"便应运而生。打造一处共同理解和分享的特定场所，犹如一颗等待破壳的新生命，所有的尝试只如这"一觥"的美酒和一群"宴饮尽欢"的同道中人。

入口如一方城市烟云里的华梦，这方藏在城市高空的天地，在两堵高大石墙的拥护下缓缓拉开夜的序幕。52 层的高度，是一觥独属的光环。"一览众山小"的视线，无垠的玻璃盒，让空间尽情的享受这独一无二的高度，每个在此斟酒和冥想的人们忘却自己的时间和空间，将所有的景色带动幻想一起飞翔。

原始的裸顶，不是未开发而是不愿用太过奢华的材质去修饰，从而破坏了原建筑结构的原始美感。靠近玻璃盒的每一处角落，舒适的座位都是为每一位来这里的客人，提供"飞翔"的欲望。吧台是一颗孵化中的蛋形，特殊的设计处理后，让每一处每一个角度的落座客人，都能体验业主对酒吧的特殊感情流露和表达。吧台中间的蛋形酒架，展示着让大家为之享用的各式美酒，呼之欲来的感觉。

包厢的墙面富有年代感的枣红砖，表达设计师想要传达给在场每一位嘉宾，"这里的每一瓶酒，都有"它"的年代感和故事。"相比于吧台处的人来人往，一个包厢便成为一群最为执着的人能够静心品味细节的私密区域，没有顾虑，没有烦忧，尽情呼朋唤友，闲聊大笑或静对无言，共同饮尽杯中酒。

1 | 2 / 3

1. 窗外是一览众山小的视野
2. 吧台区
3. 空间一角

1 | 3
2 | 4 | 5

1. 蛋形酒架提供各式美酒
2. 包厢墙面是富有年代感的枣红砖
3. 散座区
4、5. 空间局部

环球贵族·土耳其轰趴馆

设计单位：工墨设计
设　　计：黄灿
参与设计：汪骏、黄刚、张禹、黄雅芬、高呈
软装设计：张禹、郑尧秀、罗敏
面　　积：180 平方米
主要材料：墙面树脂漆、水磨石、水泥、钢丝网
坐落地点：江西南昌
完工时间：2019 年 3 月
摄　　影：杨欣丹

环球贵族·土耳其轰趴馆是由两间建筑面积 60 平方米的 Loft 改造而成，除了具备传统轰趴的聚会和娱乐功能之外，更将文化和艺术元素深植其中，轰趴馆由此升级为一个跨界的社交综合体。本案的业主是一位热爱生活、喜欢旅行的建筑师，他希望把旅途中的美好和喜欢的建筑都凝聚在这个 Homeparty 的产品里，轰趴馆的设计灵感也正来源于此。作为该系列产品的第一站我们选择了土耳其，一个浪漫、充满想象力的国度作为设计主题。而色彩丰富、个性活跃且时尚的“孟菲斯风格”成为了设计的首选。

大厅由舞台和两组餐桌组成，中央是弧形的舞台，舞台的两边对称的吊着地中海风格的镂空仿铜灯。挑空部分由两个弧形的吊顶组成，仿佛圣索菲亚大教堂的穹顶。大厅的左右两侧是简化的弧形拱门，以及由马赛克包裹的圆柱。穿过两侧的拱门进入的分别是 KTV 和体感游戏区，且分别有两个转角楼梯通往二楼的电竞室和桌游室。转角的楼梯间强烈对比的红蓝色块，跳跃的颜色和简约的线条勾勒出空间灵动时尚的氛围。靠窗部分是用钢丝网水泥塑造的隔层，起到连接桌游区和电竞区的作用，同时是一个可以供多人游戏、活动和休息的区域，内铺陈着充满土耳其异域风情的手工地毯和抱枕，置身其中能感觉时间变慢，仿佛沉浸在棉花堡的温泉里一般。时尚复古的装饰手法和异域风情的软装元素在这里交融，简洁的空间形态与对比强烈的大面积色块发生冲突，正是这个空间无限创意的火花。

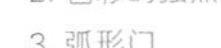

1. 地中海风格
2. 色彩的强烈对比
3. 弧形门

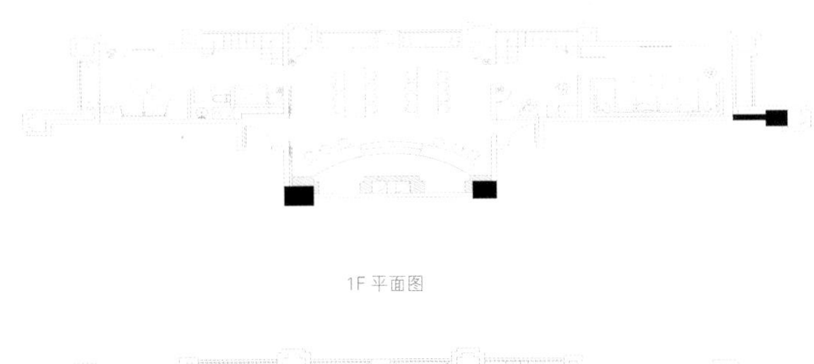

1F 平面图

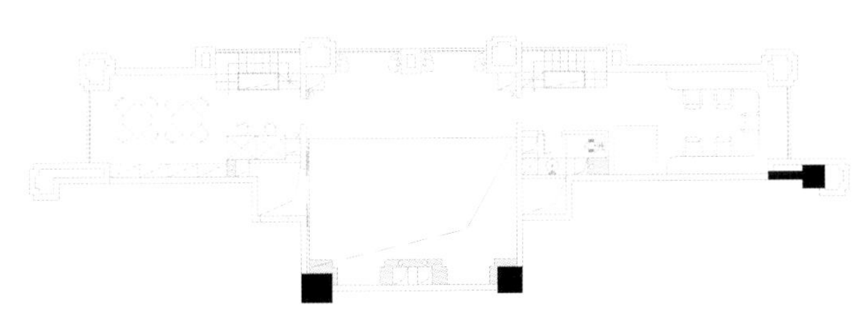

2F 平面图

1 | 2 | 5
3 | 4 |

1、2. 转角楼梯对比强烈的红蓝色块
3. 体感游戏区
4. 拱形门
5. 白色溶洞

言鹿生活会客厅

设计单位：合肥许建国建筑室内装饰设计有限公司
设　　计：许建国
参与设计：绕颖
坐落地点：安徽合肥

言鹿，一个看山等你的地方

"言鹿"二字灵感取自设计师许建国先生童年和他外婆关于"鹿"的童年故事，延续和展示了许建国先生的生活美学理念。除作为美学生活展示厅外，这里也集合咖啡馆、餐厅、旧书阅读以及不定期举办艺术展览等功能，像一幅描绘了理想生活的油画，向人们展示着慢生活的种种可行性。

走进店内，清新的气息扑面而来。当代极简的美学语境中催生了新的灵感，设计师颠覆了常规，推门而入就是温馨的木质吧台。门头的设计以原木、玻璃与钢板为主，主题明确。以隔而不断的玻璃材质取代传统门面，在视觉上更加通透，层次感十足，既创造了隐私感，又扩展了空间，让人直观感受内部的品质及氛围。点餐区的桌椅保留了材料原始的自然感，奠定了雅静的空间基调的同时，弱化了背景的渲染。外围的黑色钢板以几何形为主的物理空间注入随机的不确定性。

言鹿小馆的家具与摆设以木质旧式家居为主，被时光打磨的早已圆润柔和的桌椅摆件，触摸其上，感受其间流淌的过往温度与曲折的岁月。小馆中的旧书收藏，以国内外著名设计师典籍著书为主，期待向大众展现设计师们独特的美学价值观，给予他们新的美学生活启示。馆内遍布的绿植也全部以自然生长的绿植为主，"亲近自然、敬畏自然"，植物如同家具和摆件一样，是空间的一部分，也是最好的装饰。在设计时通过门窗洞口以及天井的设置，在屋顶打开不同尺寸的天窗，阳光洒进室内，建筑回归本身的方正格局和清爽面貌。置身室内，远眺大蜀山，蓝天、白云、美景映入眼帘，"言鹿，一个看山等你的地方。"

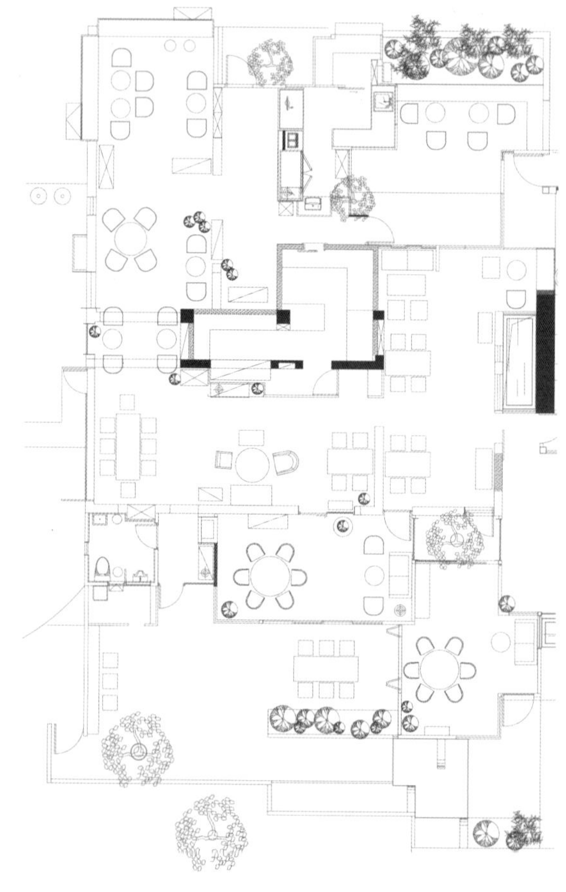

平面图

1 | 2 / 3

1. 建筑外立面

2–3. 夜景

1. 家具以木质旧式家居为主
2、3. 室外的美景净收眼底
4. 木质吧台
5. 清爽的绿植
6. 屋顶的天窗可打开

Carpe Diem Bar

设计单位：LONGTEAM 珑腾商业空间设计
设　　计：汪良珑
参与设计：詹斌、徐好
面　　积：200 平方米
主要材料：黑色铁板、不锈钢、水磨石英石、艺术涂料
坐落地点：浙江杭州
完工时间：2019 年 12 月
摄　　影：吴昌乐

如果相逢有形状，也许正如水波之间的相互碰撞——不同个体如水滴不断落入时间的海，以各自不同的磁场散发波动，并与其他个体的波动不断碰撞，不断产生回响。于是人的一生，随着时光流逝，身边不断有人来来往往。基于这样的联想，设计师决定以本案空间为捕网，以“波动”为关键词，以“时间”为线索，以“对称”为主要表现手法，并以“剧院”为舞台串联起空间叙事，记录下这个场域里相逢的形状。来处纷繁不一，去处不可预计，唯有此处偶然交会时候放出的光亮，是设计师与业主共同希望给予来访者的微小关怀。

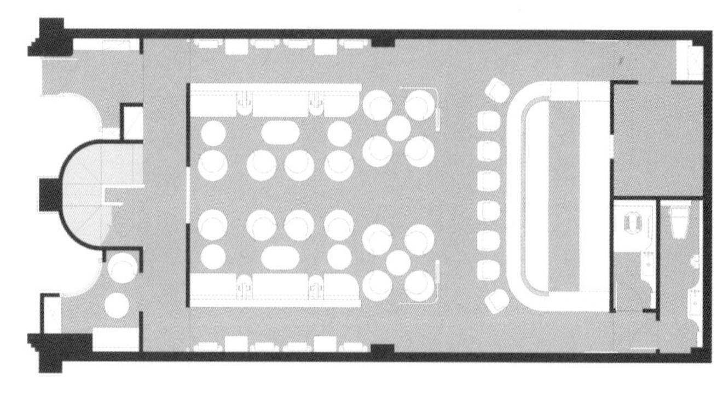

1F 平面图

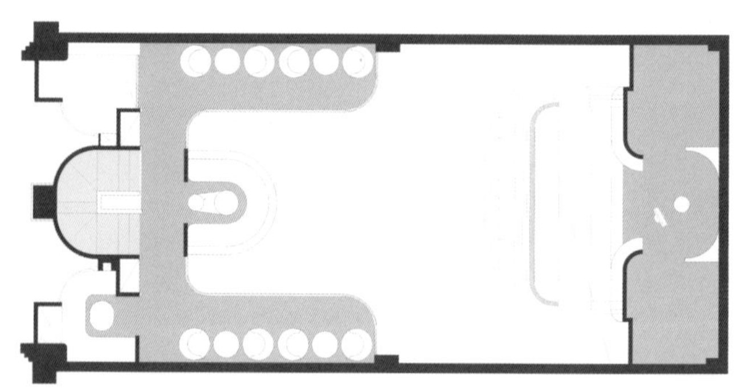

2F 平面图

1 | 2 / 3 | 4

1. 酒吧外立面
2、3. 吧台
4. 楼梯

1. 散座区
2. 红色点亮了空间
3. 旋转楼梯
4. 过道

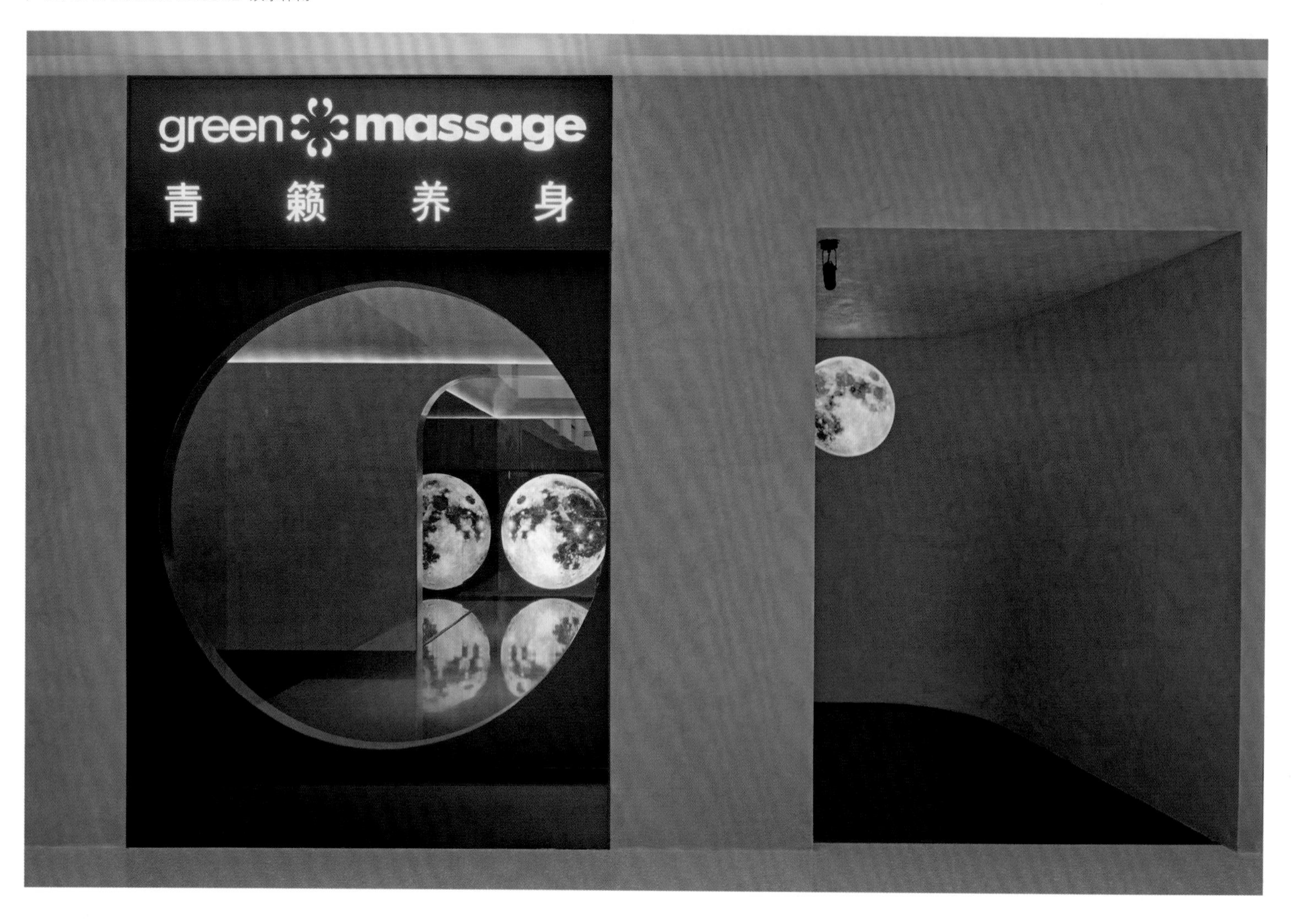

青籁养身

设计单位：朱周空间设计
设　　计：周光明
参与设计：洪宸玮、冯莹洁
软装设计：朱周空间设计、黄茗诗
照明设计：朱彤云、廖嘉皇
面　　积：320 平方米
主要材料：清水混凝土漆、金属板、黑色镜面大理石
坐落地点：上海
完工时间：2020 年 1 月
摄　　影：蔡云普

月相的变化，月光的美，总是静谧且依据自己的节奏，缓步地在时空中优雅地前行。在 Green Massage 湖滨道门店的设计中，"月"成为我们的设计概念，屏除卖场的喧嚣与争奇斗艳的门店品牌橱窗，大面积的灰就像月球表面一样，安静的稀释掉所有的不安定，空间中没有一丝锐利的角度，温柔地反射了所有的光线，就像月映照太阳的强光，却成为了柔软的滤镜，进到空间中自然地过滤了纷扰。

艺术家杨泳梁的"月光"大型装置，成为空间中的高光，诗意的存在，大月呼应小月，一步步引导人们进入空间后逐渐褪去日常的疲乏，就像月象的循环，让身心重新出发。"如月之恒，如日之升"，在 Green Massage 里，透过身心有层次的放松与洗涤，再次回归自己日常生活中的高光。

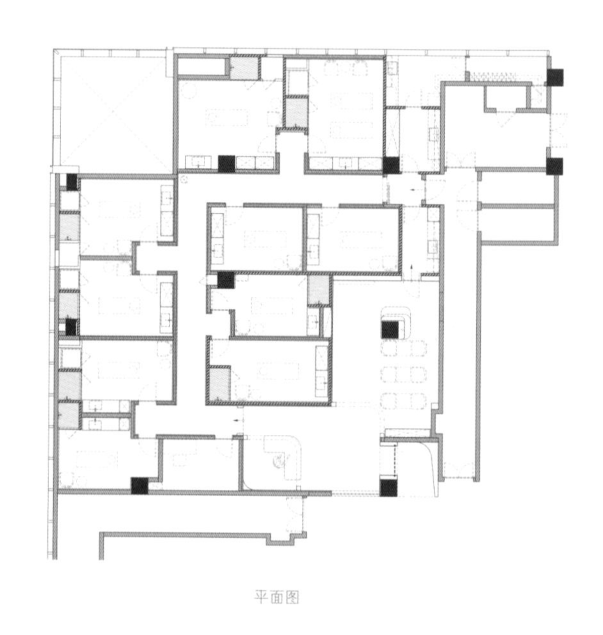

平面图

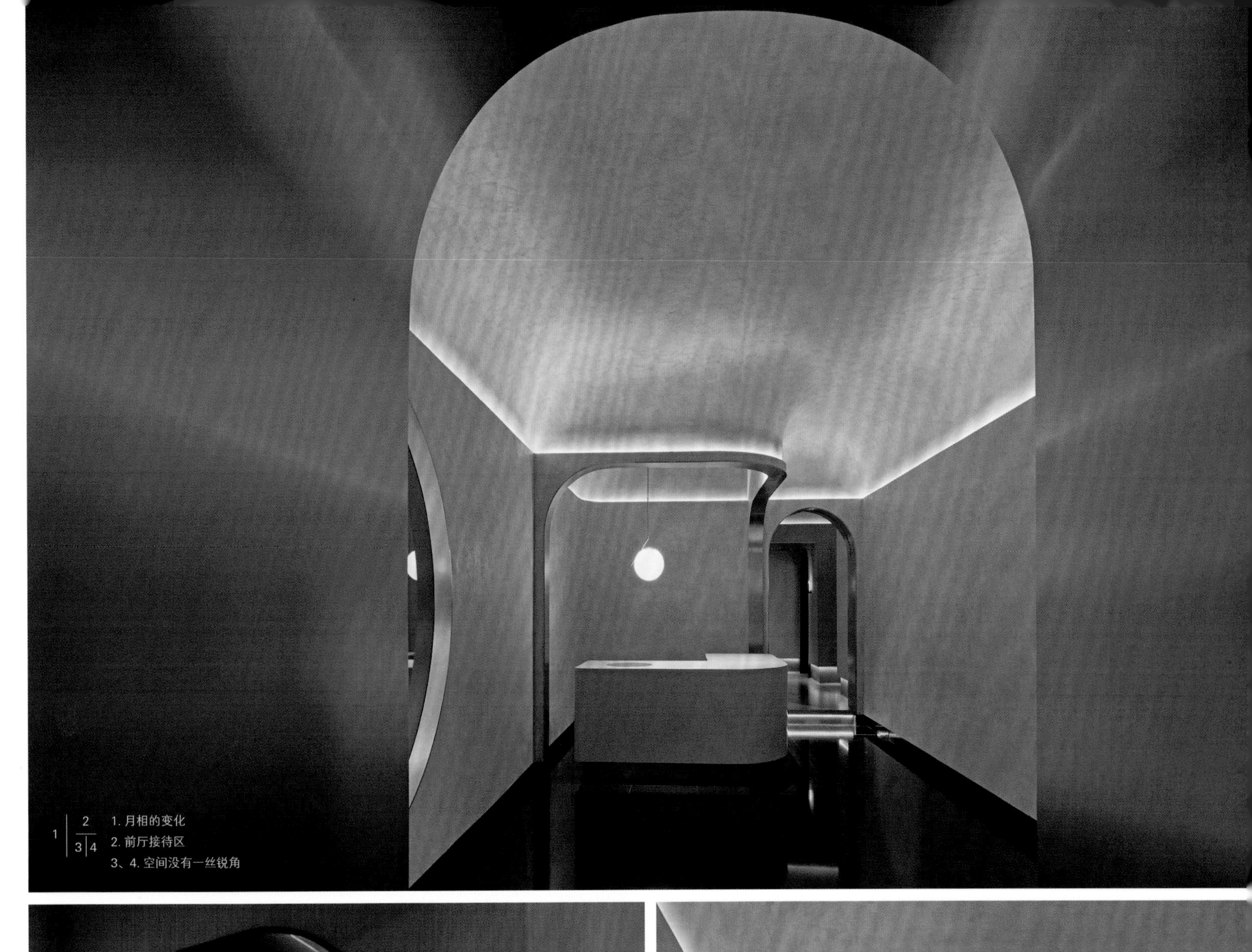

1 | 2 / 3 | 4

1. 月相的变化
2. 前厅接待区
3、4. 空间没有一丝锐角

1、2. 月亮是设计概念
3. 展示柜
4. 月灯与月晕相互辉映
5、6. 养生护理区

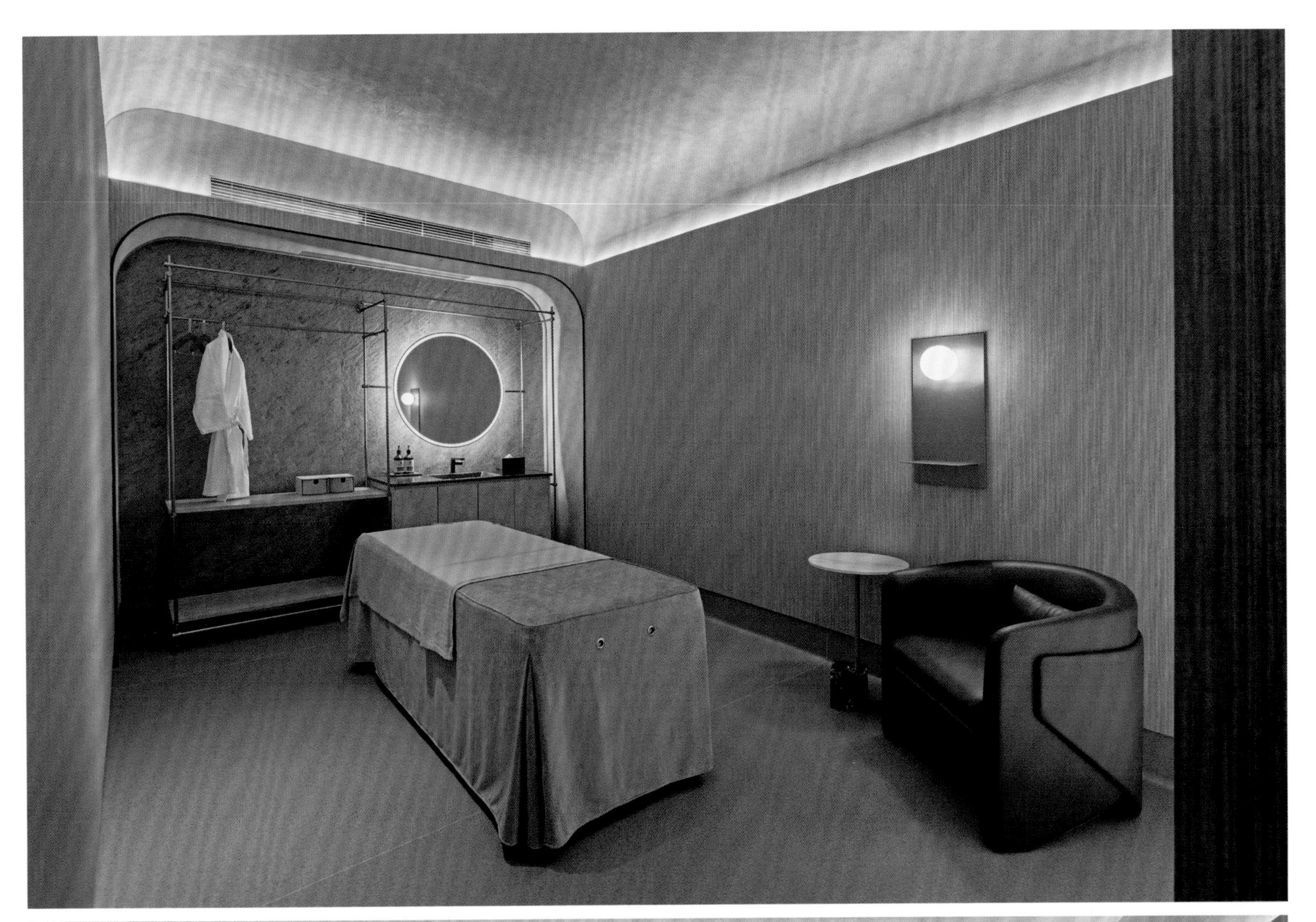

One Trend Lounge Bar 潮向酒廊

设计单位：PCD 品奕设计
设　　计：李宽喜
参与设计：曹卫星、许雨婷、李昊宇、成松杰
面　　积：1,000 平方米
主要材料：水泥漆、水磨石、不锈钢、亚克力、金属网、玻璃镜面
坐落地点：江苏南京
完工时间：2020 年 3 月
摄　　影：黑曜石

我们的两个世界

One Trend Lounge Bar 的空间设计是对世界矛盾对立的反思。室内有两个入口进入，或白昼或深夜、或光明或黑暗、或沉静或喧闹，有序列感的叠层和一道闪烁的光指引着人的心灵，找回真实自我，感悟着生命中的时间。锈迹斑驳的机器齿轮装置，将我们带入一个理想的精神世界里。

进入空间内的第一感觉是直线和曲线的装饰“形式”，设计希望通过“形式感”表达对自然现象的一种认知：“直线象征着无限的力量，曲线则限定边界达到平衡”，形成对自然与美的视觉感受，引起人们精神上的积极、向善和理智。One Trend Lounge Bar 的空间是由特定的物件、秩序、功能组成，用“光线”的变化营造出不同空间的特性以及营业时间的过渡。

设计分别营造出三个界定的使用空间：白天轻松的休闲下午茶、晚上热闹的演艺餐厅与深夜寂静的爵士酒吧。也可以是互动相连的空间，达到“界而无界”的功能。我们看到的“形式”其实就是那光线下的产物，其实真正让我们的感官世界所感受到的不过是那墙面上的影子。通过“人造线光”及智能灯光调控使空间物质产生视觉变换，从而达到奇妙的氛围，将我们带入梦幻的、理想的王国。

1. 店面入口
2. 吧台
3. 顶面的圆形镜面

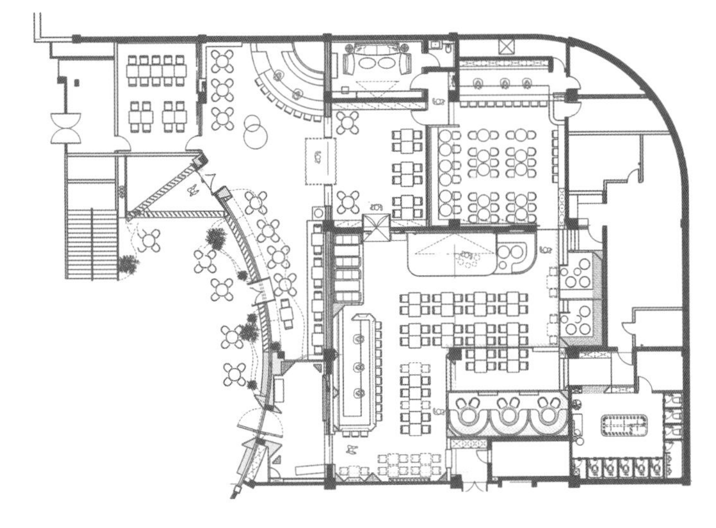

平面图

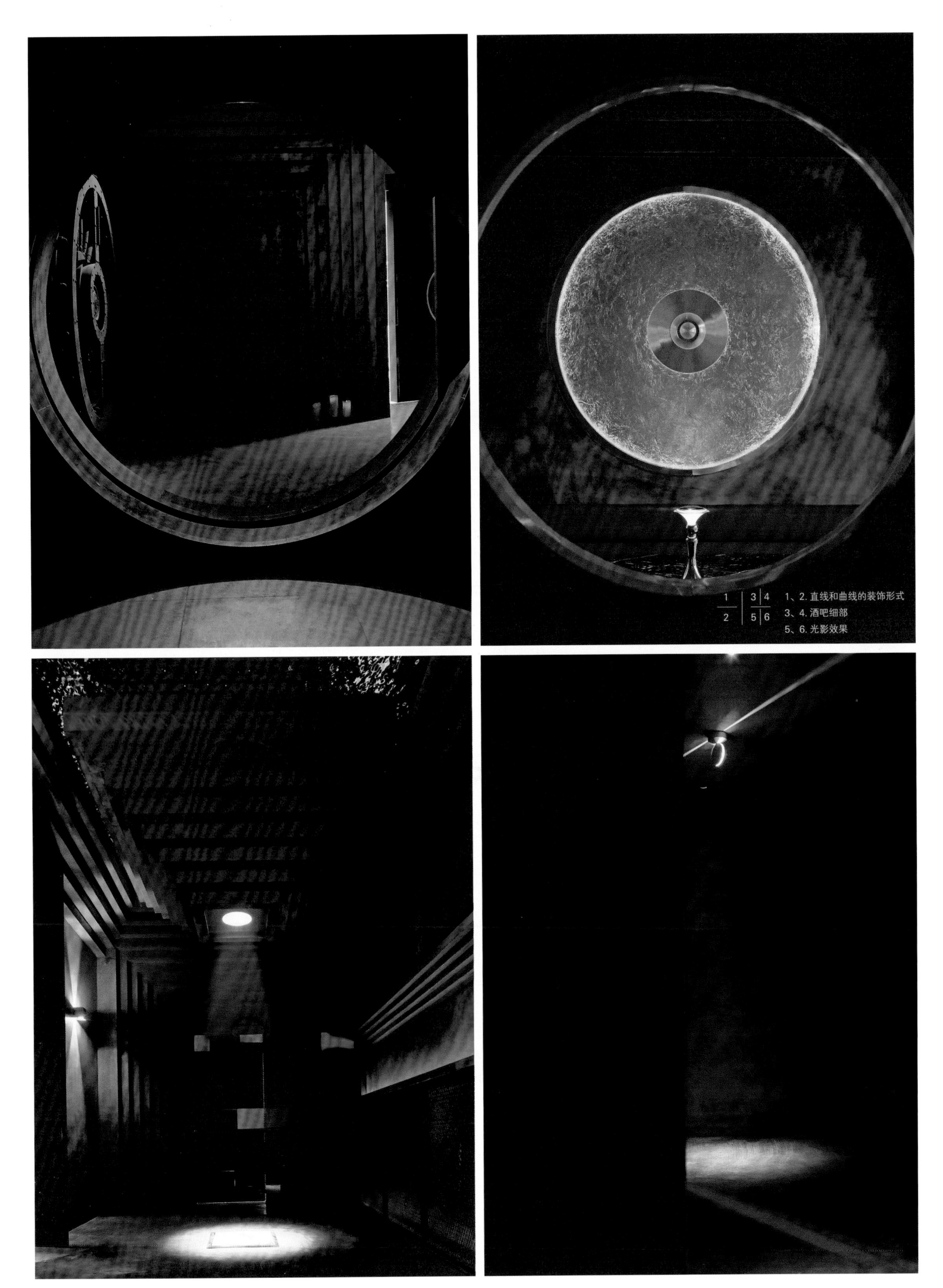

1、2. 直线和曲线的装饰形式
3、4. 酒吧细部
5、6. 光影效果

拜腾新能源汽车生产基地办公中心

设计单位：inDeco 领筑智造
设　　计：周岩、张国梁、杨丹、代文娟、翟翼桥、陈树鹏、万向隆、王忞、付培培、吴敬尧、曹阳、李茹娜、关甜甜、刘馨予、宋建辉、齐朋、徐作鹏
面　　积：13,770 平方米
主要材料：金属饰面、木饰面、地坪漆、玻璃
坐落地点：江苏南京
完工时间：2019 年 10 月
摄　　影：李明威、周岩、赵冬林

迹——办公空间定义生活方式

"办公空间"早已不再只是"可以办公的空间"，空间内承载着人们的事业与梦想、生活与社交、挫折与成长。inDeco 领筑智造作为拜腾的老朋友，为其打造了这幢符合其企业性质、气质及精神内涵的全新建筑，无论概念还是视觉上，都延续了拜腾总部办公室的整体设计思路。

以象征车辙痕迹的"迹"为概念贯穿空间始终，将流动的城市空间组织形式、车辆交通组织方式引入办公空间中，大平层宛若一座小城市，充满生机与活力。拜腾品牌标识和概念"迹"相互印证，形成多重表达融合下的痕迹形式装饰，并配合符合视觉标准的材质和配色，最终生成拜腾工厂区办公大楼的整体设计。拜腾并非想重新定义汽车，而是想重新定义生活。

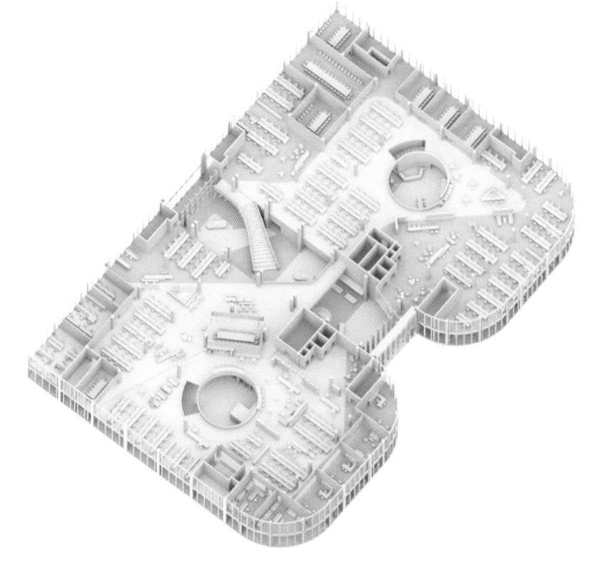

轴测图

1. 建筑外立面
2. 一楼展厅

新工厂是一栋三层建筑，由中庭一分为二，将南北两侧完全区分为两个独立的个体。新工厂楼宇地处偏僻，使用人群不仅仅是楼内办公人员，还包括整个工厂生产区的其他员工。建筑需要适应流动变化的组织形式，为团队的集合与分组提供理想的场地，因此在建筑内部定义出了清晰的边界，一层作为对外开放的功能区，涵盖了食堂、超市、医务、瑜伽、洽谈、会议以及展厅等，二层则为集中办公区。

设计师以流畅的线“迹”为核心开始展厅的设计，流动的光线随时间更替呈现出不同的痕迹，带有弧度的长梯延展出纵向的空间轨迹，大面积的水泥肌理奠定了整座建筑简约的工业化设计基调。展厅的静态空间被转化为充满温度的体验空间，承载着交流、学习与对外展示的功能。

“重建”是“创新”的开始，是蜕变的原因。本该隐藏的楼梯设计成最显眼的存在，在动线上形成并强调一、二层的直接联系，充满独特的视觉张力，让空间本身也成为痕迹留存在记忆。设计师在楼梯的尽头创造了一面巨大的天窗，阳光尽情洒落，这里不再只是一座冰冷的办公大楼，也能感知到光影的交替与时间的更迭。

在楼梯顶端围绕充足的阳光打造成一个具备休息、讨论和娱乐等功能的休闲区域。休闲区被放置于二层办公空间最中心的地方，犹如一座城市的中心，繁华的道路最终在这里汇聚，活跃的思想在这里碰撞。流通空间和社交空间被组合并交错放置，灵活随意的组团方式让空间充满了生命力。

工作区延续拜腾的整体办公室文化，简洁干净的布置，充满线条感的设计，提倡随性自由、没有束缚感。现代化的开放式办公区具有通畅的视觉流线，顶立面的构造进行了几何化地切割、交叠、重组，看似随机却暗藏秩序。精细的设计组织出特定的功能，为工作区域赋予全新的能量。

汽车的轨迹是现代化的产物，而水墨画的墨迹作为“迹”的一种形式，代表了几千年来国人的高级审美趣味，设计师将“迹”字做本土化处理，抽象的墨水痕迹通过灯光被转化为具象，而玻璃幕墙映射出的镜像又将其演化成幻象，现代空间就这样与古典意境完成了一次激烈的碰撞。

BYTON 拜腾说：“我们不是要革新汽车，而是让生活变得更加美好。”inDeco 领筑智造说：“我们为未来装修而生。”

1 | 3
2 | 4 | 5

1. 抽象的水墨痕迹透过灯光转化为具象
2. 楼梯是最显眼的存在
3. 顶立面的构造暗藏秩序
4. 小会议室
5. 阳光从巨大的天窗洒落

如涵文化办公室

设计单位：inDeco 领筑智造
设　　计：周岩、代文娟、苏维、陈树鹏、才智、付仁艳、恩中岳、曹阳、李茹娜、霍经纬、宋建辉、齐鹏、李云爽
面　　积：3558 平方米
主要材料：艺术漆、水磨石、地胶、烤漆、背漆玻璃、金属、大理石
坐落地点：浙江杭州
完工时间：2019 年 10 月
摄　　影：李明威、周岩、赵冬林

塑造空间新秩序

如涵文化是国内最大的电商网红孵化与营销公司，最新办公室位于杭州高德置业广场的 37 和 38 楼两层，由 inDeco 领筑智造全面负责，融合生活方式打造全新的办公空间场景，工作行为与生活方式均焕发出新的生机。空间是活动的容器，办公场所亦是生活的载体，设计时无论是从空间的形态及序列，还是从光线到阴影，以及装饰材料的选择与不同功能的衔接，都通过连续的空间，将员工的办公场景提取为生活方式来进行设计。

“电商”“红人”是关键词，设计上做出了明确分区。将 37 楼作为直播、摄影等主要使用功能空间，同时兼具展示和摄制团队的办公、会议、洽谈等功能。38 楼涵盖了办公、接待、签约和洽谈等功能。空间内重叠运用浅灰色、烟粉色、湖蓝色等温柔细腻的莫兰迪色系，以多元配色手法带来充满变化的丰盈视觉，并在变化中力求个体各自的呼应，呈现出高级的平衡感。

走在互联网的潮流最前端，即时高效、自由无拘的沟通至关重要，而开放式办公区能保持彼此的通透与联接。以理性的蓝灰色为基调，删除烦琐复杂的设计，通过桌面隔板与空间隔断平衡了开放与私密，创造出简洁而充满张力的办公空间。镂空的隔断亦画亦窗，同时巧妙地融入 ruhnn 品牌中各字母共有的形态，视觉上得以深入渗透。

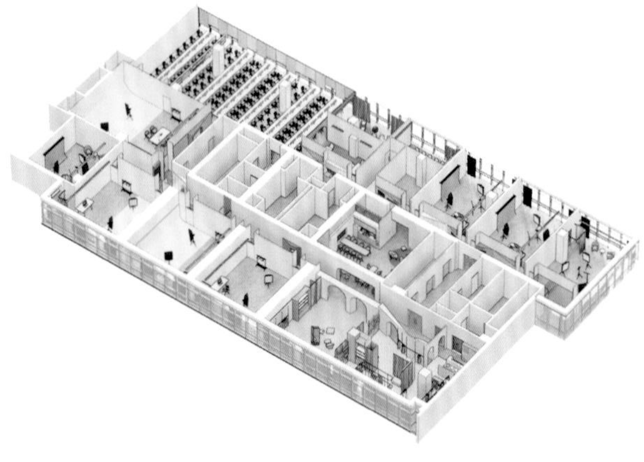

37F 平面图

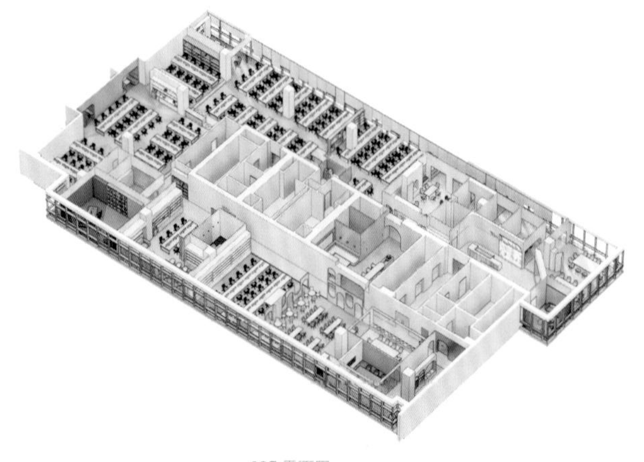

38F 平面图

摄影拍摄和视频直播是流量变现最重要的方式，采用标准的无影墙设置，同时在纵深上进行了特殊探索，合理的空间深度能够最大范围满足模特的行为活动，发挥空间最大利用率。为了给予更多服装和商品以展示机会，巧妙地将外部走廊设计为展示墙，打破了常规走廊过长造成视觉感受单一的困境。走廊结合功能需求和动线路径设计出丰富的展示场景，通畅的视觉流线将被动观看转化为主动感受，曲折渐进地将空间层次有机串联起来。形式追随于功能，在外墙创造性增加了标识番号和使用状态灯箱，可清楚分辨不同房间及其使用情况。

在同楼层预留了近200平方米的展示区，不仅能容纳多种商品陈设，更为红人、搭配师、摄影师等各类工作者提供便利。打破了常规展厅的边界与固有局限，呈现出更多的可能性与趣味，网红与主播在此可进行服装搭配，也可即兴直播，精致灵动的场景设计为多样化的行为提供空间支持。签约如涵文化的大部分是年轻人，签约室采用小教堂的严正形制，同时利用灯带、色彩和圆润的细部造型调节气氛，既庄重严肃又青春美好，将是他们人生的新起点。

公共空间是工作与生活场所的重要延展，在这里工作与生活的界限被打破重建，人们以更生活化的姿态讨论工作，也可与工作伙伴聊天社交。玻璃材料映照出一个反向的虚拟空间，真实与镜像在同一时间轴上呈现不同的画面感：外景与内景交织，热情与冷静叠合。水磨石无论是现场制作或预制，需要多次细细研磨直至达到要求后才能制作结晶表面固化效果；选择剔槽内嵌的暗藏金属踢脚制作工艺，需要在不同墙面的材料上采用不同的施工工艺，精细地处理最终保证了视觉效果；异型固定家具的大面积上色，需要在实际家具上涂漆、比色并不断改色，最终送入烤房固定颜色，再在现场严丝合缝地安装到预留好的空位。

1 | 2

1. 入口接待台
2. 简洁的办公区

1、2. 精致灵动的商品展示区
3. 通畅的流动空间
4. 多元配色法带来丰富的视觉
5. 镂空的隔断亦画亦窗

RuHnn

U-Cube 光明共享办公空间

1 | 2 | 3 | 4

1. 接待台上方的光感天花
2、3. 相互交叠延续的区域模糊了界限
4. 入口处为流动的曲体

设计单位：CROX 阔合
设　　计：林琮然、李本涛、段美晨、陆燕娜、文师仪、余杭杭、徐晨翔、李镯
面　　积：2700 平方米
主要材料：硅藻泥、水磨石、黑钛不锈钢、人造石、透明耐力板
坐落地点：上海
完工时间：2019 年 1 月
摄　　影：金选民

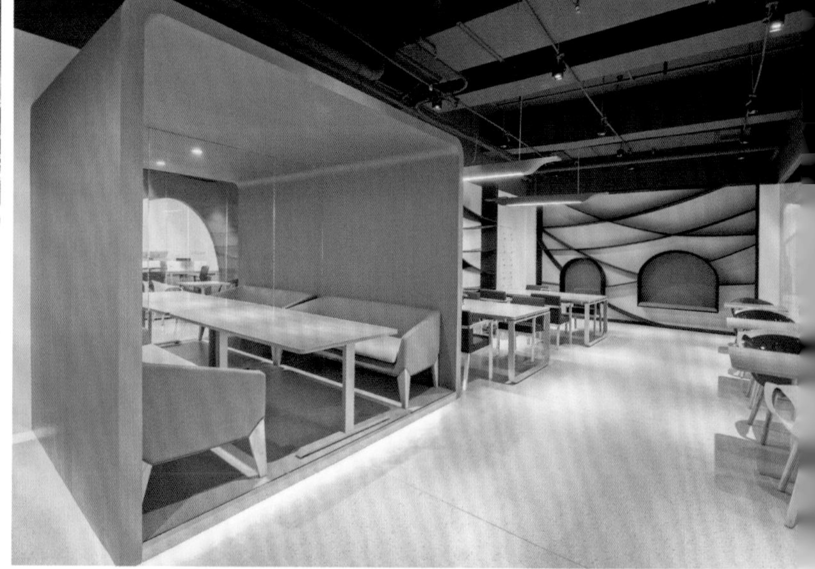

U-CUBE 光明小森林——共享办公空间

U-CUBE 光明位于上海嘉定新城核心，联合保利歌剧院和嘉定图书馆，将成为上海最有活力的区域之一。众多青年创业公司聚集于此，希望能在商业丛林中开拓自己的天地。CROX 阔合针对勇敢的创业家，思考共生型的办公，考虑年轻冒险家们的精神，打造出一处兼具工作与生活，充满乐观自由的灵活场所。

那些愿意挑战可能，止不住创业脚步的人如同冒险家，总会经历一片未知的森林，这场穿越能增加生命的丰富性。设计以小森林为概念，在公共空间植入一片连绵不断的木质墙，木曲墙有机起伏、流畅自然，人们在此穿梭，如同行走在大大小小的林木间，创造出层次丰富、生机勃勃的自然氛围，也在无形中鼓励着创业者们的冒险精神和面对未知的勇气。在口字型环绕的格局内配置交错的森林，构成了公共流线的主要视觉通廊，并将空间顶部与周边环境布局紧密结合。从主入口顺着走廊延伸到餐厅、休闲室，形成一个环道，各个功能不一的小区域因此串联，打破传统办公室的格子间构成。相互交叠延续的区域，让日常轨迹的界限变得模糊，暗示着不同领域的创业者，在此可自由交流、学习，也可一起活动、办公，增强空间的社群属性。

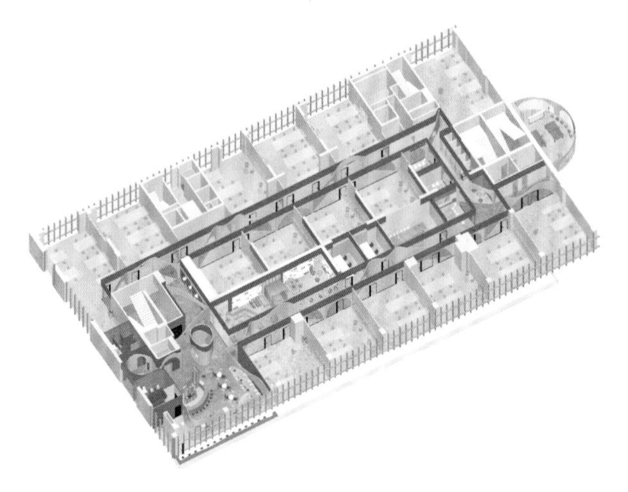
轴测图

入口接待区为流动的曲体，蜿蜒连通到后方形成吧台，上部由连续耐力板构成光感天花，反射出不同的影像，配合独特木质律动的墙板，加上质朴水磨石与黑色反射镜面，使得整体环境表现出稳定的延伸性，创造出轻松自由的灵活共享区域。

平日这里作为放松的休闲洽谈空间，供入驻者用餐、享用咖啡、简单会客使用。也可转换为路演活动区或各类社交沙龙活动，为青年冒险家们搭建起交流平台。这是一个结交新朋友、了解新知识、发展新商机、找到新伙伴、促成新合作的多功能平台，所有的机遇都会自然而愉快地发生。多元化碰撞下，按需组合便能发挥高度自由化的共享力量。

在东方语境内，共享的概念偏重于亲密关系之间，设计师利用不同的曲线围合切割出空间，内外交融，既私密也开放。在公共空间内植入不同的半开放会议单元，满足不同人群对各种类型会议的需求。在极具个性的电话亭及 UCUBE 字母为造型的对话室里，无论是单人还是双人的空间都可以保证使用者的独立性，又不会将其完全与周围事物隔离开，将空间的使用率发挥到最大化。

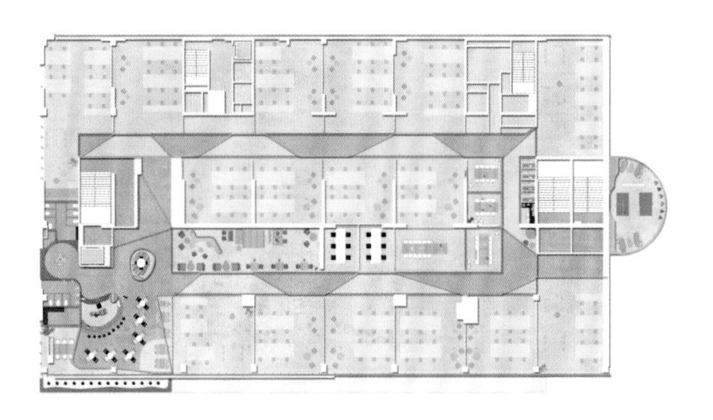
平面图

柔软起伏的自然曲线形成绵延的景色，不同组合的家具构成不同的谈话区域，灵活多变的场景让空间的多种功能性得以充分发挥，在这片小森林里铺开未来无穷的可能。

1–2. 以 UCUBE 为造型的对话室
3. 公共流线的视觉通廊
4. 连绵不断的木质墙有机起伏
5. 半开放会议单元

U-CUBE

U-CUBE
U-CUBE

太子广场招商展示中心

设计单位：于强室内设计师事务所
面　　积：1500 平方米
坐落地点：深圳
完工时间：2019 年 9 月
摄　　影：肖恩

1. 窗外的璀璨天际线
2、3. 片墙式玻璃如同发光的装置艺术品

城市的美被时间滋养后蕴藏着巨大的能量，每一座城市都有属于自己的地标群，深圳也从来不缺极具个性的地标。从京基 100 到平安金融中心，再到太子湾，它们代表着这个城市的新生力量。以深圳唯一的国际邮轮母港经济为依托，太子湾正在搭建起未来的城市封面。山、海、城有机结合，其中超甲级写字楼太子广场更是笔触最为浓重的一笔。

太子广场由横向的商业裙楼和垂直的办公塔楼组成，面向港湾背靠小南山，拥有得天独厚的山海景观。在这座外形如艺术馆般的办公塔楼中，设计者为招商蛇口打造了一个以艺术为载体，以能量为主题的当代商务办公展示空间。

蓝金沙大理石和亚克力构成太子广场的建筑雏形，直耸入天花板的办公塔楼成为目光的焦点。在塔楼凸显的围合属性中，蛇口的建筑群有序而出挑。设计师提取了当代建筑的不同形式，将金属进行切割，共同勾勒出粤港澳大湾区的璀璨天际线。光影的相互作用让空间本身更显轻盈，在以高级灰为基调的观景平台中，Mutto 的 oslo 沙发塑造了一处安静自在的角落。

在多媒体展厅中，招商蛇口致力于全面打造富有科技感的现代展厅，营造极致的沉浸式体验。而与多媒体展厅特意营造的暗环境不同，基于城市与自然环境的联系和互动，设计师将山、海、城市有机结合，构筑出三大观景平台，使办公区的通透感迎面而来。

传统的巨大办公桌被小而多的开放办公桌取而代之，清晰的线条和体块微妙平衡了办公室的温情与现代社会人际关系，再借由高级灰塑造出一个极简的办公空间。片墙式玻璃仿若发光的装置艺术品，将空间进行有效划分，于整体通透的自由布局中形成理查德·塞拉式的艺术空间。通过城市、空间、建筑、人和艺术能量这五个角度，全方位传递了太子广场“艺术能量中心·城市美学应用平台”的形象，在城市高空感受城市脉搏。

“观众是作品的一部分，他们在游走的过程中体验着不同的视角，这个过程中包含了期许、记忆、时间、走动和观看。”理查德·塞拉探讨了艺术作品、空间与观众之间的置换关系，设计师亦从中汲取到了养分。流动感十足的玻璃片墙与城市景观和谐地融于一体，实现整体构图的统一性和空间叙述的完整性，令办公空间爆发出了更多维的场域能量。当观者站立于此，亦身处于这无形的艺术能量磁场当中。

平面图

1. 直耸入天花板的塔楼
2. 小而多的开放式办公桌
3. 流动感十足的玻璃片墙和城市景观融为一体
4. 高级灰塑造极简空间
5. 安静自在的观景角落

六之工作室

设计单位：W.DA 王践设计师事务所
设　　计：王践
参与设计：毛志泽、张杉杉
面　　积：700 平方米
主要材料：水泥、玻璃、涂料、钢板、木饰面
坐落地点：浙江宁波
完工时间：2019 年 5 月
摄　　影：朱萩剑

1 | 2/3
1. 建筑外立面
2. 光与影的融合
3. 植物在自行生长

建筑主体由两幢独立的三层建筑组成，安静地矗立于江边公园内。有两部独立的楼梯，分别通过一层的门厅和二层的露台进行连接，另有一个院子、一个天井和一个水边的平台。东西两面江水环绕，循环互通，尤其西南侧比较开阔，有着充足的日照和自然景观。我们希望依托于自然营造纯粹之美，重新构建出一种秩序，空间中要有绚丽的阳光，不仅仅反映出当下的景象，更应该是未来的景象。不是刻意被赋予的，而是它自行生长的姿态，充满动感的交替、转换、循环、传承。

既然无法改变建筑外立面的表皮设计和空间架构，但可以解放门窗，解放一切疏离自然和阳光的阻挡，利用廊道搭建出过渡的"灰空间"。大量使用折叠、隐藏式的门窗，让室外的绿地、花园、平台都能成为室内的一景。模糊建筑内外部的界限，使室内室外形成一个自然有机的整体。将自然的变化引入室内，让气候、温度、色彩、气味这些充满变量的因素来创造生命力，与人和空间共生。人居于舍，舍居于景，模糊边界，是为了建立起与自然的衔接，从而趋近设计的本质。

大量使用常见的基础建材，水泥、钢板、玻璃、涂料，原则是尊重材料，不改变其天然属性，只赋予它新的表现形式。将这些建材的色度、纯度、尺度控制在一定的范围内，是为了凸显另一种材料——阳光，所有材料都被阳光赋予了新的状态和生命。光的意义，让抽象的空间被感知；影的存在，让光的刻画更生动。因为光无形，所以空间无界。

优雅的极致是呈现自由，而安静的力量最优雅，最能包容自由。极少主义的白色隐藏着最丰富的情感，也预示着空间的无限扩张和无所不能的包容性。白色不仅仅是一种颜色，更是光与影、虚与实达到融合的最佳媒介，能够统一所有弥散不定的创意，覆盖一切不稳定的主客观因素。

克制设计的主观性，把空间功能的定义和选择权交给使用者，以多重选择的模糊性反对非黑即白的明确性，靠相邻空间局部关联的小秩序实现若即若离的关系。让人的需求变化在与人的相互适应中有不断被开发的动态生成过程，而这个过程是自由的、变换的、充满未知和惊喜的。空间并非几何形体的具体容器，而是在诸多诗意形象和心灵意象的建筑中形成的独特生存状态。简单的色彩、利落的线条、柔软的质感、模糊的边界，都呈现出一种安静而自然的体验，空间被当做一个值得让人去经历和感受的存在，是能够自我循环给养的生命体。它能融入框架以外的世界，亦能让置身其中的使用者深信不疑。环境、空间、纹理、工艺和光线的动态并列，与周遭统一和谐，所有的空间无缝地融合在一起。

在空间里，我们希望有剥离的时间概念，有氤氲的回忆故事，有沁润的温度和流淌的艺术气息，还要有超越潮流之外的感性认知。人最大的能力不是改变世界的能力，而是感受幸福的能力。

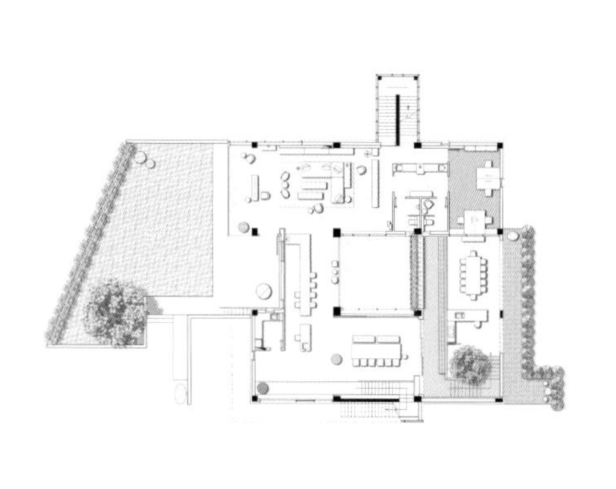

1F 平面图

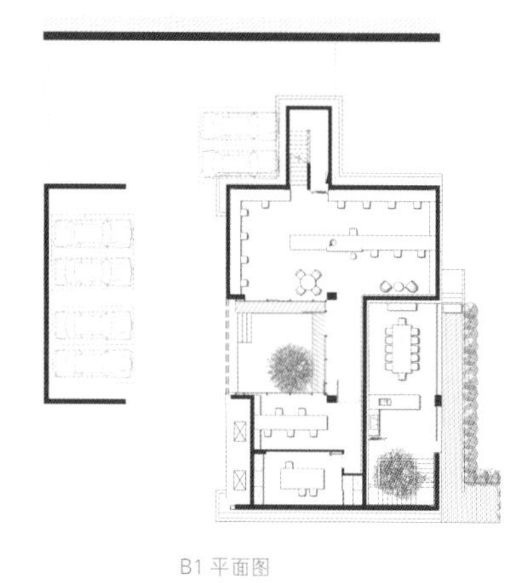

B1 平面图

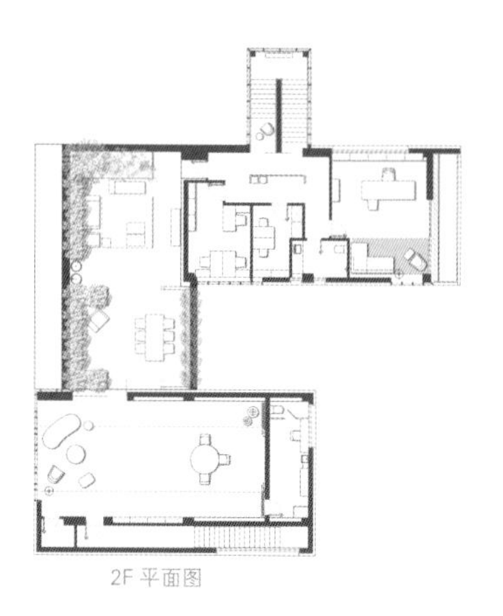

2F 平面图

1. 简洁而富有质感的家具
2–3. 室内空间被阳光赋予了新的生命
4. 观景露台
5. 纯白色楼梯
6. 极少主义的白色隐藏着丰富的情感

柳宗元工作室北京

设　　计：崔树
参与设计：马川、赵阳、焦云奇、王旭
面　　积：1000 平方米
主要材料：大理石、乳胶漆、木饰面、铁板、水泥自流平
坐落地点：北京
完工时间：2019 年 11 月
摄　　影：王厅

这是一处位于北京市朝阳区半壁店一号文创园的摄影工作室，面积约 1000 平方米。空间原来的功能是摄影棚，通过对空间性质的调整，由原来纯粹服务于摄影工作需要，调整成为一个集工作、美术馆、活动等为一体的复合型空间。

空间建筑原是 20 世纪 60 年代的一个老仓库，通过对老建筑进行墙体还原、设计营造、装饰营造等方式，重现老建筑自有的原始美感，让本来的水泥墙体保留了特有的历史和岁月的痕迹，使时间沉淀的美感重现。通过对建筑物外窗、吊顶结构和墙面的改造，对工作内容、空间功能结构、建筑尺度、材质关系等充分考虑，最后呈现出具有独特气质的面貌。这次设计并没有刻意制作更多的造型或者选用过多的材质，而只是在原有基础上做了更深地挖掘和选择。

1｜2
1. 主入口
2. 主入口的灯光效果

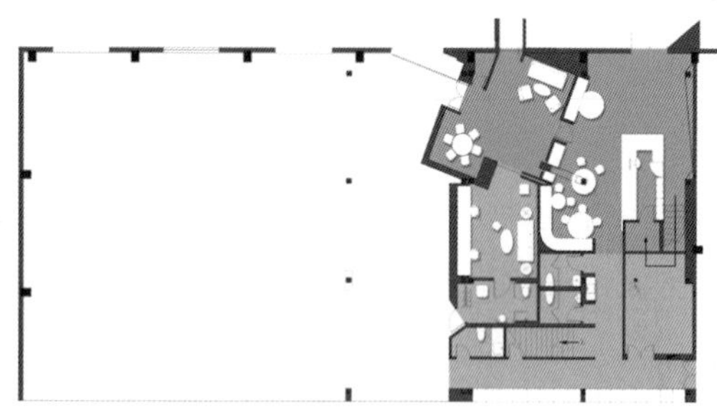

1F 平面图

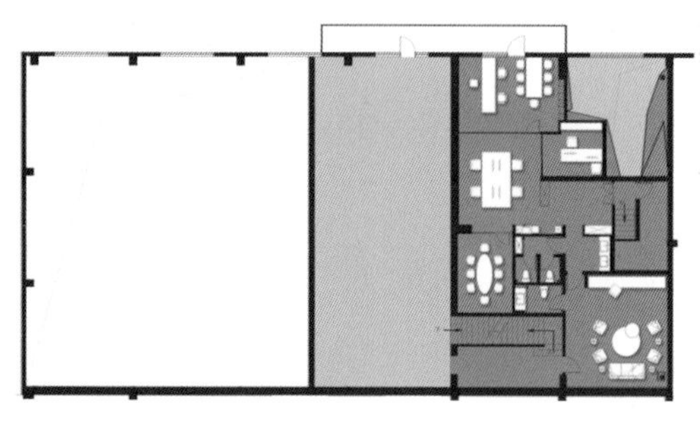

2F 平面图

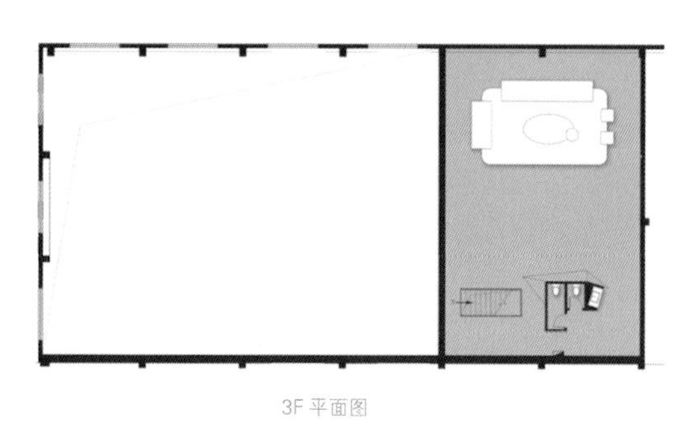

3F 平面图

1. 一层摄影棚
2. 二层摄影棚
3. 二层摄影棚的主背景墙
4. 三层楼梯入口
5. 金属板造型
6. 三层展厅
7、8. 建筑自有的原始美感

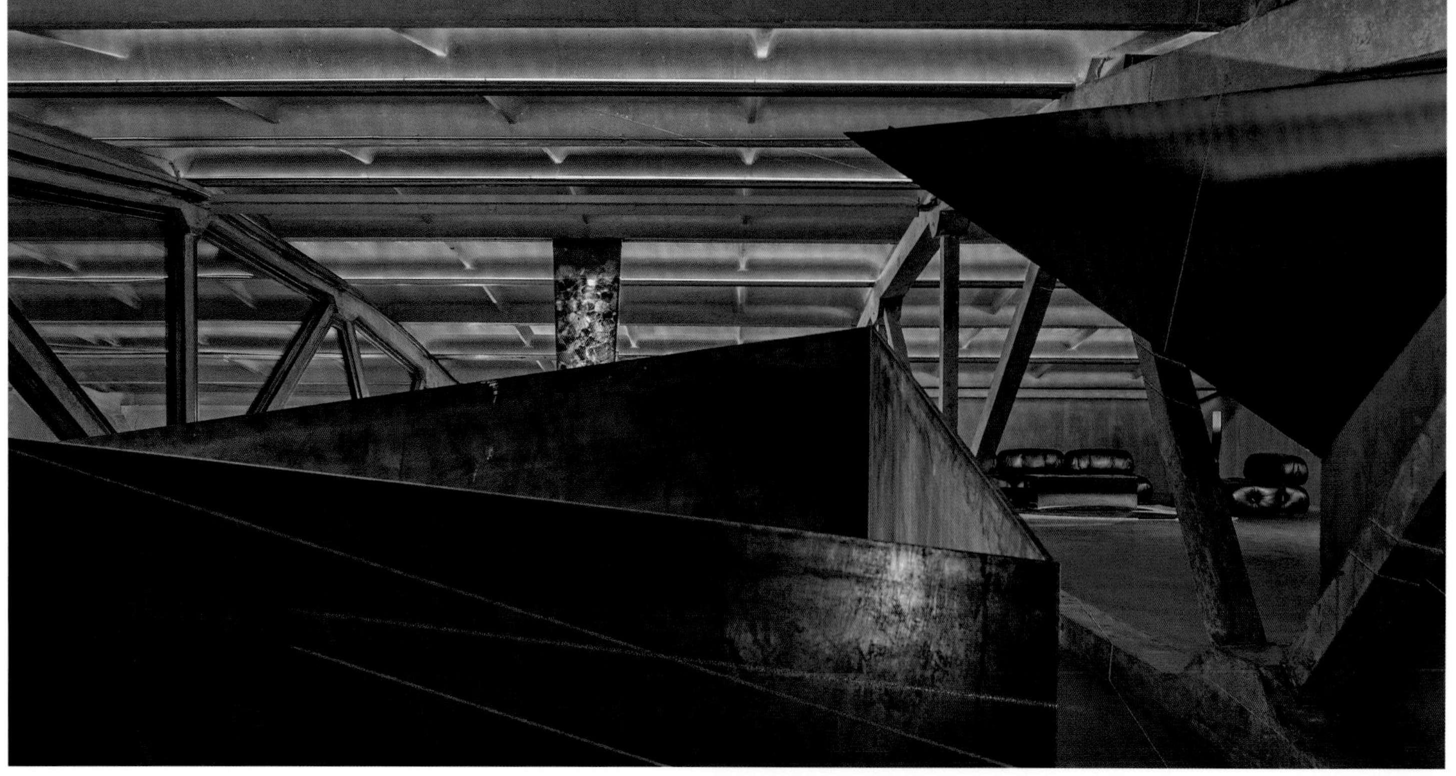

美晖办公室

设计单位：厦门喜玛拉雅设计装修有限公司
设　　计：胡若愚
参与设计：曾锦宁
面　　积：280 平方米
坐落地点：福建泉州
摄　　影：SHEN PHOTO、许晓东

美晖将新办公室迁至泉州老字号"源和堂"的旧厂房。初临现场，恍惚于沉酿的岁月沧桑，墙面水迹斑驳，天棚圆洞投射下的光斑在梁柱结构间玩着迷藏。瞬间有了一种冲动，去唤醒沉睡的空间记忆，注入新的生机，让其延续并生长。

设计顺应原有空间格局，循着两条轴线展开。电梯上来，铺展开的是迎宾的轴线。前台白色岩板台面延伸入钢制梯盒形成台阶，Kaws 的大公仔端坐其上，沉思于不远处蒋晟佛像的慈光中。推开钢制谷仓门，白色岩板继续延伸成会议桌，墙面漏空灯盒提示夹层的结构逻辑，下方白色盒子内嵌成茶水台，横板承托着美晖多年的荣耀。在梯盒里拾级而上，踏着穿孔钢板下投射上来的星光，循着两侧游走的钢管扶手，导引至夹层，钢阶穿出梯盒成为钢桥，凭栏处俯视空间的构成穿插。另一轴线上，谷仓门的开合串连起设计部和总监室，长向灯盒和管槽进一步拉伸空间的纵向维度。底层书架自由旋转，让平行的两部分空间的开合充满仪式感。贯穿夹层的内廊一端联系钢桥，一端凌空外挑，上下俯仰成趣。

空间以穿孔热轧钢板为主要材质，钢板的表面斑驳中隐约有几分温润，突显建筑前世的工业属性。梯盒的围合和踏步均用 U 形折板构成，通过穿孔的轻盈来化解结构的沉重，而书架的开合进一步变化多维度的穿孔叠加，或浓或淡，如水墨般意境。白天的阳光穿过天棚圆洞游走于层层叠叠之中，夜晚的灯光则衍射成迷幻。墙面的包浆轻轻打磨后再淡淡喷涂，让屋漏痕迹依稀。墙裙采用旧时刷漆工艺，而地面水磨石则折射着旧日时光。

设计师希望通过空间的重新架构，植入新的设计元素，让老建筑得以重生。

1 | 2

1. 前台的白色岩板台面
2. 迎宾轴线

1. 钢阶穿出梯盒成为钢桥
2. 可自由旋转的书架
3. 上下俯仰成趣
4. 沿着梯盒拾级而上
5. 空间的构成穿插

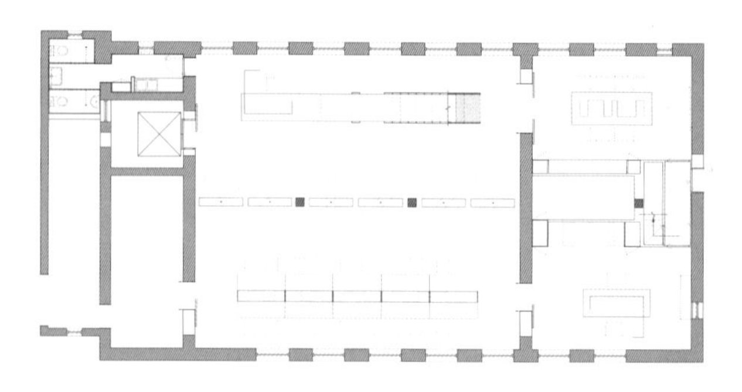

1F 平面图

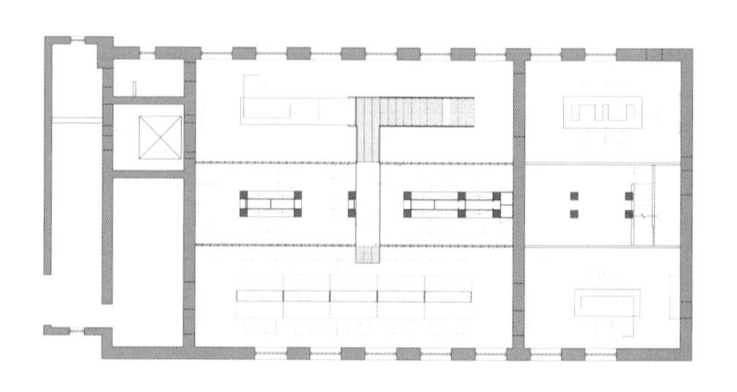

2F 平面图

1. 设计以“球”为主题

广州环球梦大厦办公样板间

硬装设计：美国 RTKL
软装设计：IF DESIGN 羽果设计
设　　计：张羽、卢尚锋
面　　积：1760 平方米
主要材料：金属、大理石、乳胶漆、皮质、布艺
坐落地点：广东广州
完工时间：2019 年 4 月
摄　　影：啊光

广州环球梦大厦由英国贝诺 Benoy 设计，办公样板间硬装部分由美国 RTKL 设计，软装设计为 IF.DESIGN 羽果设计。

本案客户虚拟为创新类科技公司——AM 办公室，以“球”为主题，打破常规设计，摈弃严峻的棱角，彰显出充满科技感、未来感的无界办公空间气质。空间契合主题的球形元素，配以波浪形的韵律。各个区域空间中既有多样性又不失协调性的色彩元素运用，成就了本案的精髓与魂魄，即抽象、概念、科幻、未来。

使用具有灵气的琉璃作为装置艺术，贴合整个空间的立体、真实、虚幻等科技主题，配以蓝色冷色调予以神秘、深邃的感官。办公场所注入更多活力、机动性和趣味，员工休息区域配以活泼的蓝绿色，萌萌的雕塑北极熊增加了互动趣味性。

会议室延续稳重简洁的灰色调，墙面采用关于企业历史的数字叙事化方式展示了企业的发展历程，波浪形的定制灯饰散发着科技艺术的味道。总裁办公室巧妙地使用蓝色点缀，为视觉带来了连续的一致性。

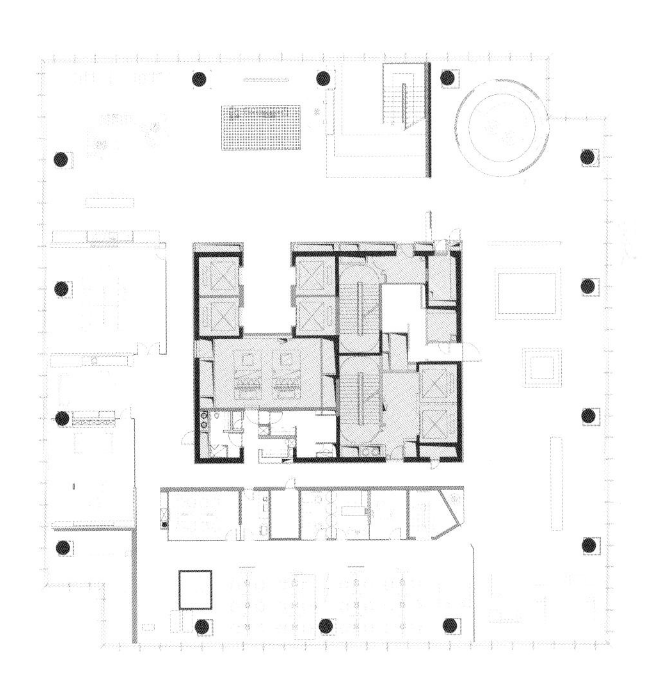

平面图

1 | 3 1. 球形配以波浪形的韵律
2 | 4 2. 大小不一的球体装置
3. 冷色调蓝色予以神秘的感官体验
4. 萌萌的雕塑北极熊增加了趣味性

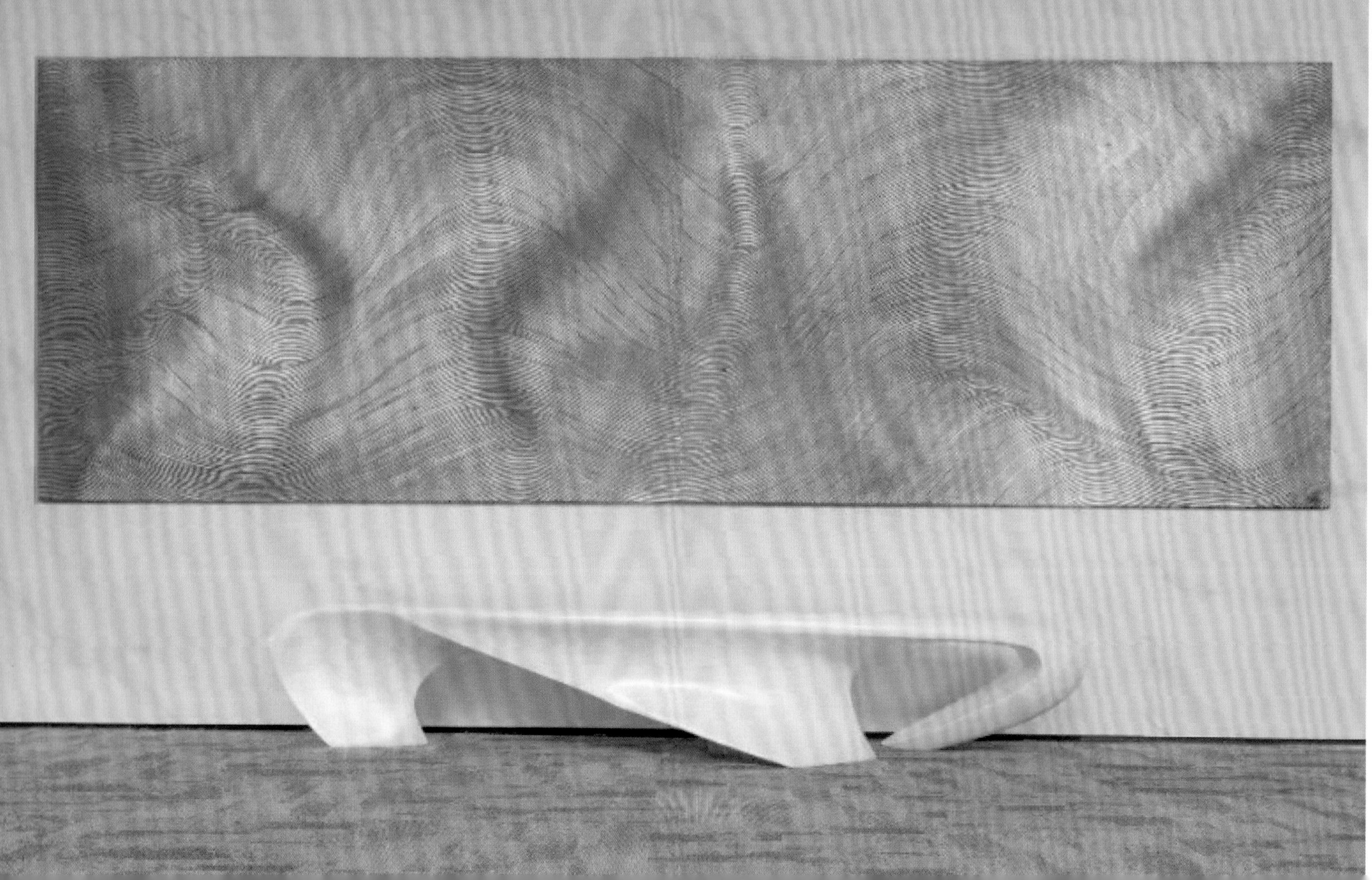

1、2、3. 精致的空间细部
4. 简约纯粹之美
5. 会议室墙面是企业历史的数字叙事化
6. 休闲区一角

丰疆科技办公室

设计单位：南京拿云室内设计有限公司
设　　计：陈诣杰
面　　积：1060 平方米
主要材料：水磨石、钢板
坐落地点：江苏南京
完工时间：2020 年 3 月

1. 灰色系增加了空间的情感变化
2. 以树来塑造安静的氛围
3. 空间结构表现清晰

空间入口处进行了挑高结构处理，释放出空间的高度，使空间在视觉上得到延伸。企业标语的位置将视线引向走廊，动线空间里面运用灰度的钢制楼梯，功能空间里面选用白色作为辅助色，强调了空间的性质。

在原建筑的标准柱跨单元模数空间里面，运用基础几何构成的体块穿插、切割、划分来形成不同的功能区域布置，彼此独立而又相互辉映。空间里大面积采用了高纯度的白色，自由开放，线性光的使用强调出空间的结构。开放性的办公空间拥有绝佳的自然采光，高效而实用。

以“树”来塑造空间安静的氛围，随光影变幻之间演绎灵动的层次。阳光下的绿色多了一份对生命的诠释，自然光透过窗户在纯净的空间里面多了几分节奏，塑造出优雅的平衡空间。

环境影响人的情绪，情绪带动人的心情，纯净的空间让人摒弃复杂思绪，创造专注的工作状态。大面积白色搭配以灰色系增加了情感的变化，白色包容了所有光线与色彩，空间结构更能清晰表现。

一个空间应该有的属性就是给予人的生活方式在其中，如同“见山是山”是观山者的心境，而非山自身的呈现。

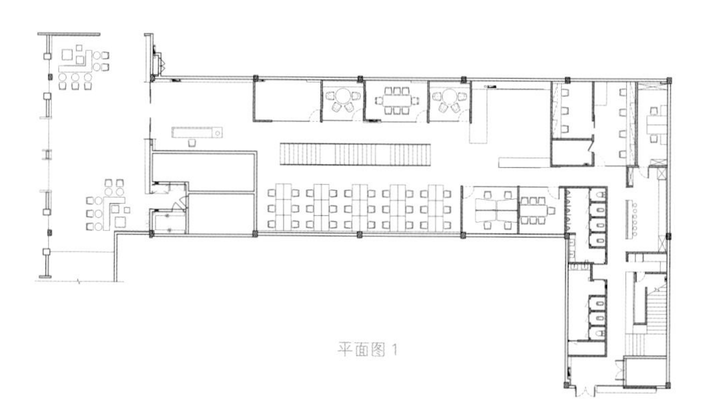

平面图 1

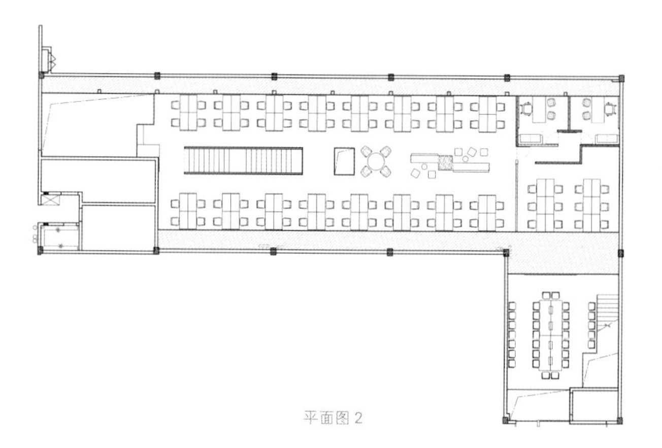

平面图 2

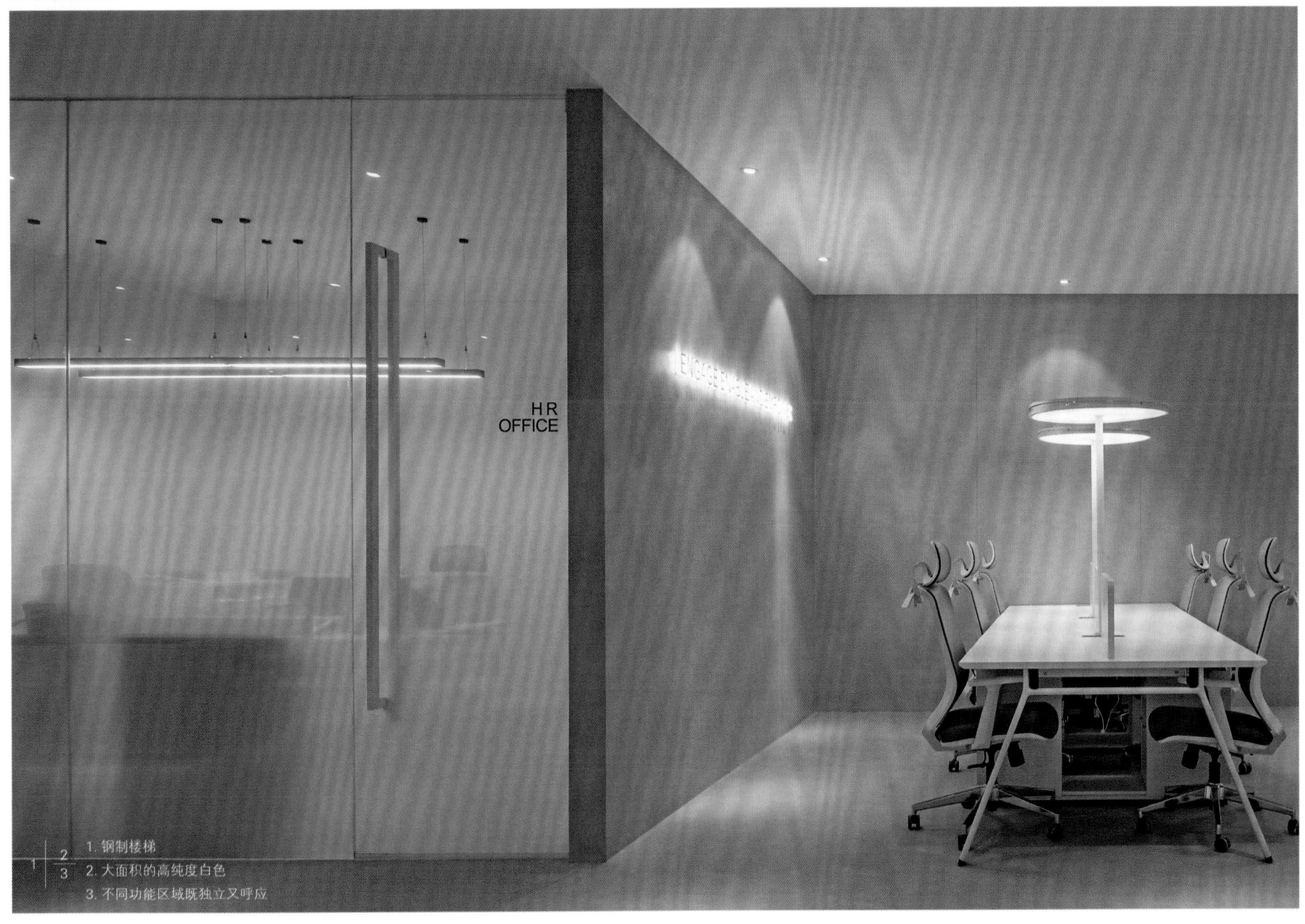

1. 钢制楼梯
2. 大面积的高纯度白色
3. 不同功能区域既独立又呼应

正荣·天寓

设计单位：春山秋水设计
设　　计：韦金晶、韦耀程、张慧超
面　　积：240 平方米
坐落地点：陕西西安
摄　　影：秋信

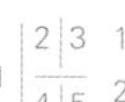

1. 有趣的珍禽置景
2. 健身区
3. 曲线与直线的拼接
4. 两人的洽谈空间
5. 甜蜜的色彩

玩味办公 · 西安十二时辰

打破传统和历史的庄重感，让标签化即已成型的刻板印象重新焕发活力，创造有趣、新鲜、有违传统概念的空间。“工作”的概念不再乏味枯燥，办公与欢脱、玩味、乐趣相缠绕。身处西安古城的十二时辰诠释出另一种新潮摩登，崭新的“工作 + 生活”方式浮现在时间罗盘上，周而复始。

辰时 07:00–09:00，舒适开工

映入眼帘的舒适色彩试图唤醒清晨困倦，植入一丝活泼清爽。视觉上充满玩味的巧思并不仅仅是装饰物，而承载了设计的功能性，玄关处镜面与金属灯饰映照出晨间活力。在几个相互作用的维度中感知空间，在一天的起始获取非凡能量。特定的色彩足够表达出现代主义的期许与情绪，脱离传统语境，以浸入式的方式呈现。取自于不同的文化及习俗的象征，珍禽置景配上波普艺术化的“兵马俑”，本土与外域的灵感交融为空间注入趣味性。

巳时 09:00–11:00，头脑风暴

色彩鲜明的室内环境，天花上固定的铜镜设计，多光源的黄铜灯具，故事和符号连成空间轨迹。混合着包豪斯元素的设计打磨着工艺细节，天马行空的创想如孢子植物肆意生长、萌发、展枝、散叶。奇思妙想含蓄地隐藏在色彩与材质之间，凸显激发灵感的张扬属性。头顶多光源顶灯与镜面有着中古家具的格调，像《广告狂人》里 Don Draper 在办公室选用的款式，表达具有功能性的一种态度。镜面反射出的光像肆意涌动的创意，为整个空间赋予了蓬勃的互动性。

未时 13:00-15:00，午间小憩
暂别高度紧张的精神世界，在鸟型台灯的柔光下偶寻得一时片刻，回归独立的个人世界，可以拥抱咖啡的温度，或者成为五分钟的默读者，欣赏抽象艺术的解读。浓烈的文艺情调让有限的空间产生特殊的化学反应，构筑不可多得的私人时光。

申时 15:00-17:00，畅所欲言。
枫糖甜蜜的色彩有种治愈感，摒弃奢华沉重的色彩，带来不请自来的欢脱，在营造清新可爱之余不动声色地还原了童趣。两人的商洽空间既创造了独到的私密性，又打破了冷静的疏离感。而多人会议空间使得旧有会议概念不复存在，巧妙地植入生活美学，保留功能性的同时创造了更为活跃的工作状态。

酉时 17:00-19:00，唤醒活力
高频工作下也能充满活力，公共办公不可缺少运动的节奏性，打造一处冥想、瑜伽和有氧运动的空间，精神与躯体随着汗水的蒸发得到升华。

亥时 21:00-23:00，安心入眠
大地色系为主的公寓，是一天静止的地方。木材、黄铜与织物的材质组合，在理智与情感之间荡漾，精巧的空间划分使功能性与美观性并存。采用解构主义的观点，重新拼接曲线与直线，构筑了居住者多样的生活哲学。

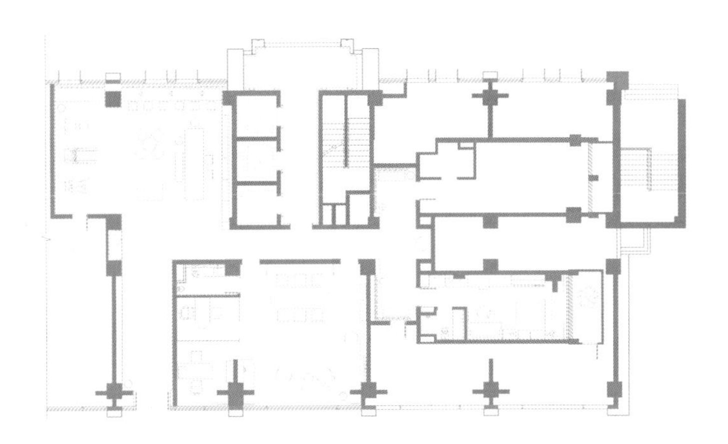

平面图

1 | 3
2 | 4

1. 天花上的铜镜设计
2. 柔软的织物带来一天最安静的时光
3. 空间局部
4. 多光源黄铜灯具如天马行空

葆润集团办公室

设计单位：Atelier E Limited
设　　计：许诺
参与设计：余俊轩、陈伟聪
软装设计：安奥拉（深圳）装饰设计有限公司
面　　积：2500 平方米
主要材料：橡木、金属、中空玻璃、地毯、大理石
坐落地点：广东深圳
摄　　影：Dicky Liu

葆润集团的创始人姓郑名和，名字跟中国明代伟大的航海家一样，大家都是不屈不挠的冒险家，企业能取得今天的成就全凭郑和先生的努力。我们希望空间的关系能够更好地融合公司品牌以及创始人的个人特质，基于此想法选取了名字中的“和”字作为本次设计的主题，“和”，和解、和谐、和美、和睦。方圆、正负、光暗、黑白、阴阳，所有同质与异质文化的冲突和对比关系，只要协调好都可以做到“和谐共生”，而空间设计概念则一切从“和”开始。

办公室面积共 2500 平方米，建筑空间可算是任意分割，主空间共有三个区域，大堂、办公室和会所。甲方希望探访者可从大堂观看到办公室内员工工作的情况，但一般办公室开放时会显得比较凌乱，所以需要把探访者的注意力转移一下。于是我们将办公空间的主要视觉重点放在了开放式员工区的天花上，做了一个螺旋形的木结构灯饰，形态从天花旋转延伸下来，像没有终结一样，而螺旋形的顶部是一个大灯幕。螺旋木结构像一把大雨伞差不多覆盖过整个员工区，两旁的玻璃箱内悬挂的艺术装置融入于大厦柱子内，一边悬挂了数百个螺丝形成的立体球体，另一边则悬挂了数百个螺丝帽组成的立体洞穴，一凹一凸，一实一空。从大堂看进去如同一个艺术馆，而人们的视线都会被螺旋天花结构牢牢吸引住。

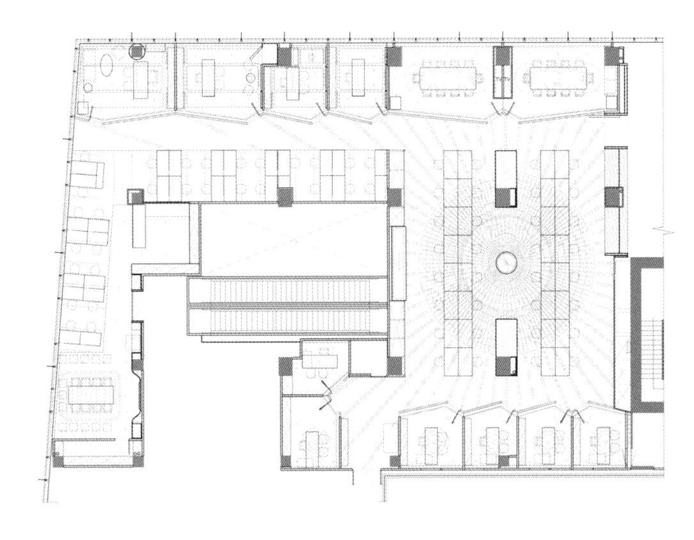

平面图

1. 空间分为三个区域

1 | 2 | 4
3 | 5

1、2. 从天花旋转下来的木结构灯饰
3. 从大堂望向办公区
4. 通透的办公盒子依次排列
5. 螺丝帽组成的立体洞穴

寸匠熊猫办公室

设计单位：寸匠熊猫建筑设计
设　　计：林嘉诚
面　　积：200 平方米
主要材料：木饰面、钢板、环氧聚酯漆
坐落地点：福建漳州
完工时间：2019 年 4 月
摄　　影：杨耿亮

1 | 2

1. 大量的收藏功能隐藏于白色壁柜中
2. 空间平面呈完整 L 型

在 80 后设计界，林嘉诚是一位极具辨识度的设计师，因为形象和性格与熊猫相似，而被亲切称作“熊猫奶爸”。寸匠熊猫办公室是他对过去入行设计十年的一次总结，也是面向新起点的开端。放弃了明晃晃的高楼大厦，在最贴近市井生活的沿街居民楼中，用心感受城市脉搏，从而产出好的设计。为了让员工在一个耳目一新的环境里办公，把每天上班当作动力而不是负担，设计师在经历了无数次的思想冲击、解构和重组后，决定以高效协同、大量储物、自然放松、优美曲线等关键词来组成设计要点。

空间平面呈规整的 L 型，设计师将空间所需的所有不规整功能区如卫生间、水吧一一隐藏起来，把最大的舞台留给办公。建筑师高迪曾经说过：“直线属于人类，而曲线归于上帝”。设计师专注于研究中国幼儿亲子空间设计，将日常大量应用的曲线也沿用在了自己的办公空间，营造出温和有力的空间氛围。两条 S 型曲线的应用将工作区不同维度地进行切分，打破空间的呆板格局。

超薄钢板与半圆墩支撑打造的趣味工作台，自然勾画出不同工作属性的小场景，每个连接区域便是大家思维碰撞的舞台，自然形成了不同工作属性的小区域。跟随工作台的路径而制作完成的 S 形吊灯有 108 个 LED 光源，将空间再次切分，使原本低矮的楼层因高度变化出不同的视觉感受。

在传统格子间中大量翻阅书籍和材料样本、让工作繁忙的设计师们觉得空间狭窄窒息，而急需情绪释放。因而大面积的曲线办公台面没有阻隔伙伴之间的距离，反而让每一个人的呼声得到及时的关注和反馈。无尽的白色空间中除了工位以外没有丝毫的余赘，构成主义的介入，使员工可以心无旁骛地进行构想与创作，让办公能效发挥到极致。

在创造新的体验空间的同时，设计师将大量的收纳功能隐藏于白色壁柜中，进行最有效的分类与收藏。柜门是布满渐变点阵的白色黑板漆面，既连接了上下空间层次，也同暖色橡木墙板构成讨巧精细的层次感。

设计不是一个人的事，而是大家共同克服一个困难。对于一个设计团队来说，跨团队多角色沟通、异地协调工作、随时开展头脑风暴，都需要一个真正多元化的办公场景来支持。

平面图

1 | 2 / 3 | 4

1. 无尽的白色空间
2. S 形曲线切分空间
3. 有趣的熊猫头像
4. 超薄钢板与半圆墩打造的工作台

广东熊猫文化产业办公空间

设计单位：TCDI 创思国际建筑师事务所
设　　计：覃思
参与设计：刘峰、刘树明、蒋瑞杰、贺乾玮、黄健宁、刘培旺、邹健波、黄剑锋、高立怡、杨洋
软装设计：丁刘慧、刘荣贞、张玉兰、石果、张倩
面　　积：1,300 平方米
坐落地点：广东中山
完工日期：2019 年 7 月
摄　　影：冯健、李永茂

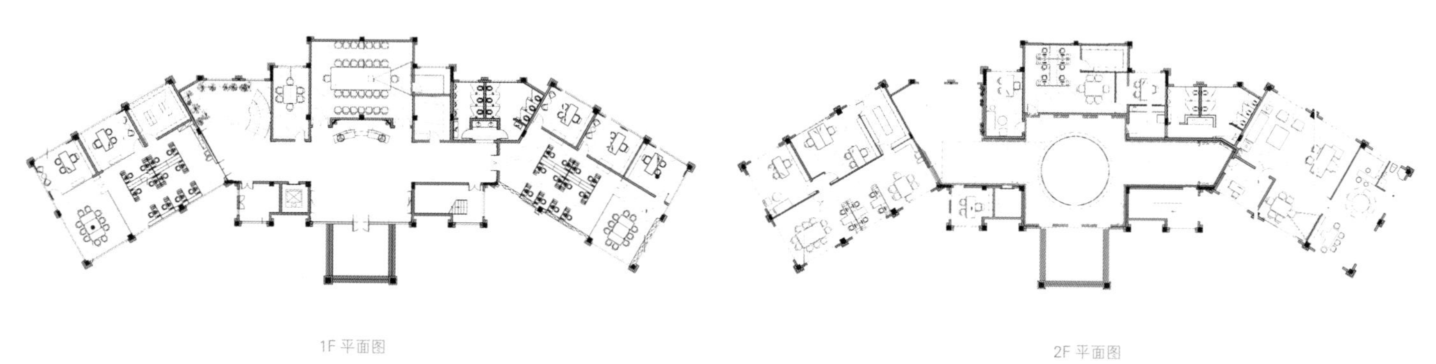

1F 平面图

2F 平面图

原空间是地产售楼中心，按照业主要求将其利用并改造成为办公空间。设计师依托企业自身的属性，从使用者的价值观与文化信仰着手，为企业解决了功能、氛围、文化三大问题。

原售楼中心的二层存在大面积的中空，随着企业升级而无法满足人员的办公需求。在空间上，设计师保留原有属性，维持空间原有的流动性，在大厅悬空处增加夹层处理，布局合理又不乏设计性，既增添了整体美感，又提高空间的利用率，实现人员增加的办公需求。

一直以来，北斗七星被赋予了指明方向和给予力量之寓意，北斗七星位于大熊星座之上，恰好与转型后的企业形象“7 只熊猫”相互呼应。设计师将其元素演化成体现其企业主体“棒球”的形状，七星吊灯悬于前厅正中央，以达到传递企业精神的目的，流动的空间也因此显得更加灵动。为了使灯光装置呈现更好的视觉效果，设计师采用镜面不锈钢材质，使球体更有质感与装饰性，在不同角度观看，亦能感受到球体的虚实不同。

设计师遵循点到即止的原则，留白是此次项目的重要立意。而强烈的几何对比和曲折锯齿线条曼妙地交织在一起，强化了空间的动感，赋予空间旺盛的生命力。在楼梯转角处增置了一个巨型的水滴装置，搭配 3500k 的暖色灯光，为空间增添一抹暖意的同时，蕴含不忘初衷、上善若水之意。

提取古柱、浮雕等新古典风格中的代表元素搭配精炼的欧式弧形线条，运用对称、比例、几何图形，在墙面上形成优雅的屏风背景，秩序的美感油然而生。选用现代感强烈的玻璃和金属，除了让空间层次得到很好的延伸，更使整体呈现出硬朗干净的气质。设计师以 Art Deco 风格为主线，运用明亮的对比色彩进行调配，在二楼走廊空间选用复古的暗红色调打底，传统的字画加以透明的亚克力覆盖呈现，看似几种完全不同的组合却带来视觉上的一抹亮意。抽取古典元素匹配创新的装裱方式，在家居的材质与样式的选择上则以黑色木质和铜色金属搭配契合空间复古而多元的总调性。

针对现有空间所存在的弊端以及办公所需要解决的问题，设计师对室内平面进行了二次规划，设置了会议室、会客厅、前台等区域，每个空间都有其存在的使命与价值。我们希望通过设计创造一个平衡的空间，既是对传统的致敬，亦是对现代的容纳；既是对艺术的追求，亦是工作与生活的共同平衡。

1 | 2

1. 大堂的七星吊灯
2. 水滴装置有上善若水之意

1 | 2 / 3 | 4

1. 细腻独特的场景感
2. 会议室
3. 现代与古典相融合
4. 精致的软装搭配

CHERRY 宜侃总部

设计单位：杭州意内雅建筑装饰设计有限公司
设　　计：朱晓鸣、裘林杰
面　　积：28,000 平方米
坐落地点：浙江杭州
完工时间：2019 年 4 月
摄　　影：Ingallery 丛林

Cherry 宜侃总部建筑是一个东南高西北低，类似简单几何模块组合的建筑体，错落有致的下沉层叠搭配简约的流线铺陈，融合大气精致的高级灰立面，不施粉黛，却缔造出素雅的高贵。

除却对建筑的精雕细琢之外，阳光、水系、植物景观、建筑景观不断联动，将生活美学深入融进了每一处空间设计。入口处以水为迎、以道为路，引领走向高层空间。二楼户外垂直天瀑层层流动，循环往复，传达着企业的承载和相生相息。竹元素融入了整个园区，竹子的弯而不折、折而不断，也正是宜侃发展大有可为的标记。

馆内整体采用理性的黑白灰色调，嵌入枫木色饰面提升温暖感，前台和接待大厅跳跃色彩的碰撞，增添了生活馆的仪式感和迎宾感。前台背景墙汲取了集装箱组合式灵感，墙面皆由宜侃系列产品铺设而成，蒙德里安的结构分割，并可根据季节变化更换产品，展示墙面自由装配的魅力。

1 | 2

1. 错落有致的建筑体
2. 二层平台

连接楼层之间的公共区域，挑高设计放大空间视觉感，几何结构造型没有烦琐的装饰和过多的家具，加以柔和的灯光点缀，视野开阔、思绪自由。延伸至各个区域的通道贯通了整个办公空间，流畅而无间断，员工交汇、停留、沟通，自然而舒心。临窗的总经理办公室自呈一派小型的生态环境，明亮、安静、大方的格局，便于思考、决策。四楼的办公区域设计将员工的舒适度和幸福感放在首要位置，混凝土、玻璃、木饰、裸露的顶面和设备管道，结合黑、白、灰中性色彩，简洁利落。

分布在不同楼层的 VIP 客户接待中心也是独具特色，开敞式空间沉稳大气，大面积通透落地窗消弭了室内外的距离感，温馨软装强化了亲和力，客户进入有种宾至如归的感觉。中式风格的茶空间释放着大家风范，朴实的木色恬静素雅，富有禅意。

员工餐厅全新轻木质装修风格，简约不失格调，巨幕临窗餐位辅以窗外繁华美景。还可到顶楼健身房挥洒一下汗水，让身心享受畅快淋漓的释放。人文关怀，从细小之处就可见一斑。

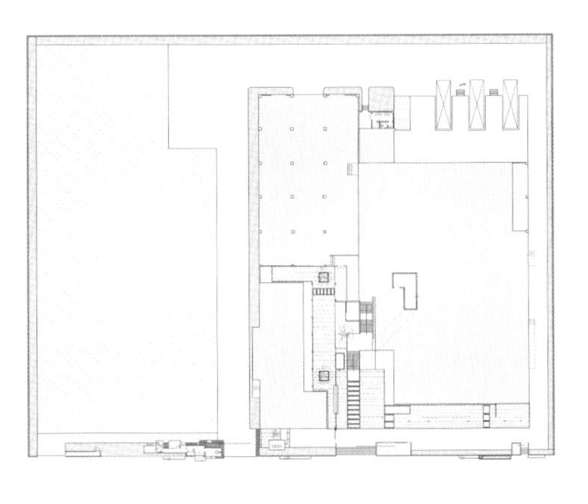

总平面图

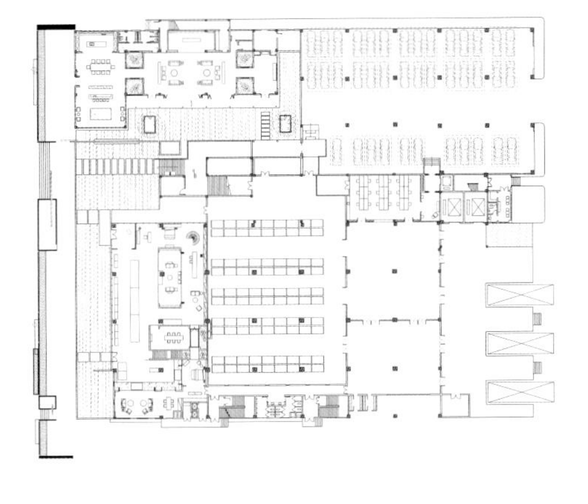

1F 平面图

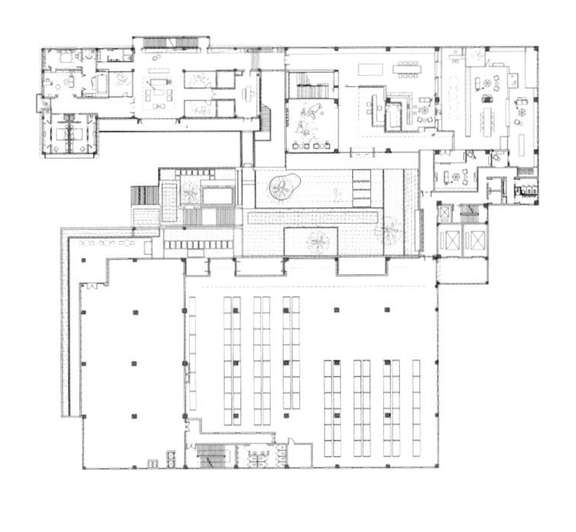

2F 平面图

CHERRY
CHINA CHERRY

1. 素雅的会所客厅
2. 二层大厅
3. 前台背景墙汲取了集装箱组合的灵感
4. 展厅局部
5. 董事长夫人办公室

共和都市办公室

设计单位：RMA 共和都市
设　　计：黄永才
面　　积：1000 平方米
灯光设计：石客照明
坐落地点：广东广州
完工时间：2019 年 10 月
摄　　影：覃昭量

办公环境的改变往往是依托于城市的变迁，而当我们讨论未来时，首先需要了解过去。19 世纪中叶，阴暗的账房让人们开始关注办公室这一概念；20 世纪 80 年代，模块化挡板的使用让格子间如雨后春笋般涌现；20 世纪 90 年代至 21 世纪初，开放式办公空间逐渐取代了曾经主张效率至上的传统办公形式。科技的发展逼着进行办公环境变革，每人一套固定桌椅的旧办公时代已经过时，很多公司采用了多功能的办公环境设计，以适应不同的办公需求。

RMA NEW OFFICE 的诞生，代表着公司设计之旅的一个重要里程碑，同时也是对办公空间的重新定义。设计团队潜心探索设计的无限可能性，用前卫的想法将传统的办公需求与未来更现代化的办公模式相结合，不断碰撞后产生极富生命力的办公空间。整体办公空间延续了 CBD 建筑的商务气质与精神，摒弃多余的装饰，采用极简手法将艺术元素与空间相融合。1000 平方米的办公空间围绕核心筒，由城市客厅、会议室、办公区三个部分组成，为了适应公司组织架构发展而设计的不同空间区域，将满足未来 5 年内公司发展对空间诉求上的预期需要。

城市客厅，除了满足日常办公需求，还是一个会客与接待的私享区域。艺术装置在干净硬朗的空间中不显突兀，反而加强了视觉中的动态，偶发的趣味性给了空间更多想象的可能。国际知名家居品牌带来极致的质感与舒适的体验，高级感油然而生。空间顶部利用镜面材质反射让空间有了延伸，交叠呼应营造出多维的视觉效果，同时打破对办公室的刻板印象，拥有宽敞开阔的待客区域，层次、纹理、美感和功能性丰富而厚重。办公空间亦可承载社交空间属性，彻底颠覆了传统办公室的单一实用性，把艺术融入简单的日常，是办公空间的灵魂所在。

会议室是整个空间演奏旋律的变奏，这是一个不受束缚且打破传统规则的空间。我们在其中置入一个白色不锈钢的球体艺术装置，宛如一艘星际飞船降临于此，充满无限的想象力和神秘感。此球体内部能承载常规的会议需求，其中 4.8m×2.7 米的巨型 LED 屏幕和多媒体设备镶嵌于内，将浩瀚的思想无限延伸。基于办公室内有多个工作小组，且小组成员需要同时办公的情况，此区域的设计旨在提供使不同团队成员能同时享用的共享型空间，一个有能力应各种变化需求灵活做出调整的生动多样的空间：有弹性、自发应用、具备延展性与适应力。

办公区是使用频率最高的区域，是设计作品产生的基地，设计原则是建立一种高效的开放式办公秩序，简洁而严谨，不再受办公桌限制，没有边界的形式可以鼓励员工们交流。空间的质量在于支持各种各样的交流互动，多功能的空间让工作不再乏味。在这里，创意想法可以自由的产生，不仅解决了工作空间的共享，而且重塑在此情景中的人际关系与社交网络。

1. 前卫的艺术装置

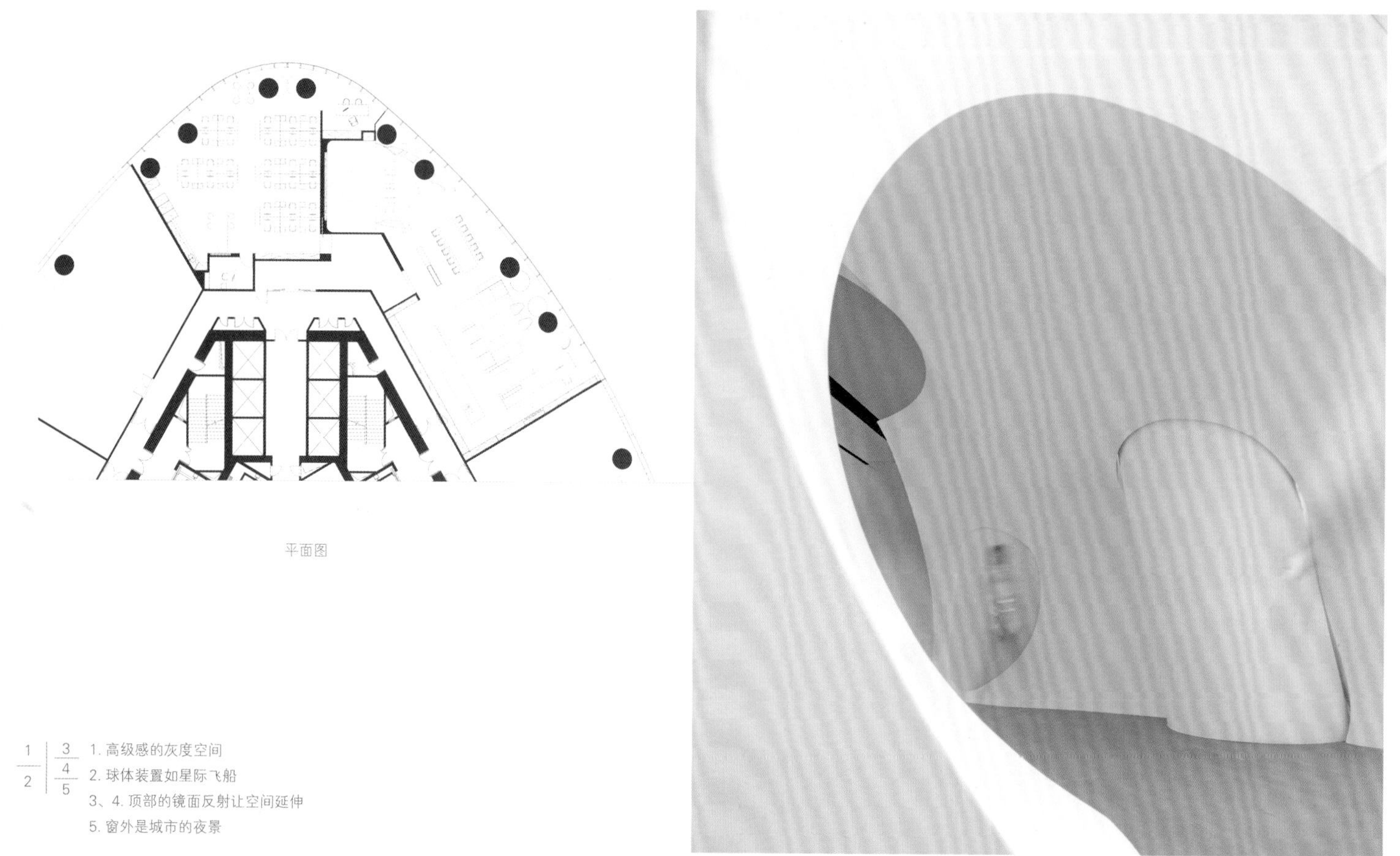

平面图

1. 高级感的灰度空间
2. 球体装置如星际飞船
3、4. 顶部的镜面反射让空间延伸
5. 窗外是城市的夜景

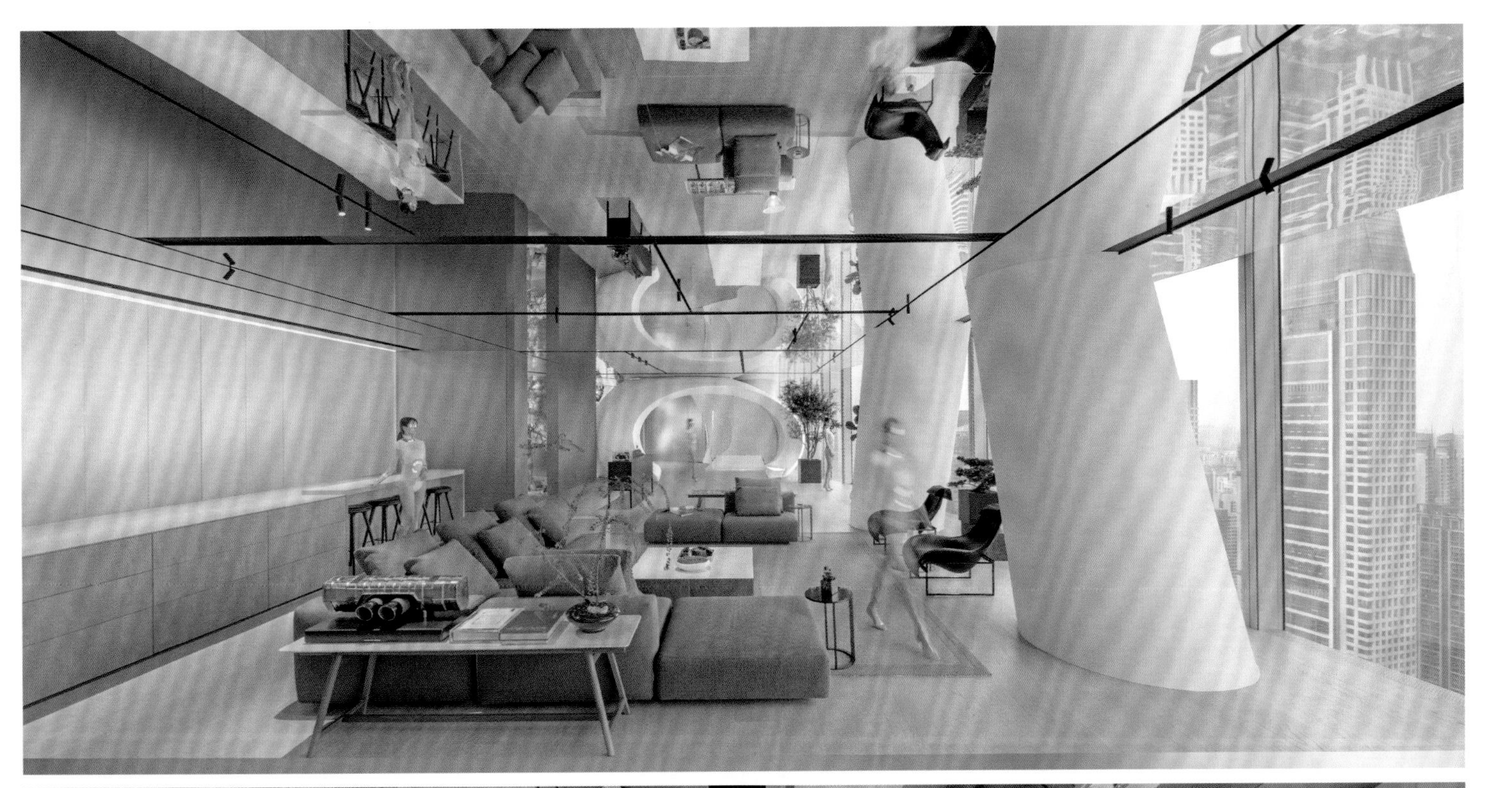

黄金岁月 · 追忆展厅

设计单位：今古凤凰空间策划机构
设　　计：叶晖
参与设计：陈坚、林伟斌、陈雪贤
软装设计：凤栖梧桐
面　　积：800 平方米
主要材料：黑麻石板、锯齿橡木实木、氟碳面灰钢、白色艺术漆、清水水泥漆
坐落地点：广东汕头
完工时间：2019 年 11 月
摄　　影：隐象建筑摄影

这是一个私人鱼胶收藏馆，业主喜欢收藏有年份的老鱼胶，且已有几十年的收藏经历。为了使鱼胶文化及其价值可以传播，我们共同打造了一个可以提供交流的文化平台。空间干净利落，用建筑的语言来解构空间功能，灰色调作为整个空间的主调，让老的鱼胶所特有的那种金黄色包浆，带有年份感的颜色代入，让空间的金黄色系唤起曾经的黄金岁月。我们寻找到老的橡木实木，通过锯齿的处理，让富有年代感的实木与想表达的鱼胶温度与色系不谋而合，让老旧的质感产生对话。

通过弧形门洞进入室内，即可开启鱼胶文化之旅。通过提取黄唇鱼的形状，用抽象手法加以艺术的手工处理成铁艺鱼形，悬吊于半空，仿佛在述说着鱼胶的历史。空间的中空位置保留原有水泥质感梁体的裸露，通过原木的穿插与象征水泡的圆形灯具结合，让一层与二层空间达到结构美学与功能的优化。木楼梯通往二楼的接待交流中心，接待厅整体选用橡木实木家具，让空间保持质朴。一层的另一边通过一扇大玻璃门进入鱼胶的展示空间，抽象的人与鱼的主题画作引入了收藏展示区域。我们通过不同的直线与斜线结构形体，区分出了整体的观赏路径，利用博物馆的展示方式与严格的灯光处理，让每一件形体内凹的老鱼胶都散发出自己的质感。通过光影的漫射，带有高光白色艺术漆的结构形体有了光影的折射，富有立体感。

收藏馆可以提供多人的文化探讨，不同的家具组合与象征生命之水的水泡形艺术灯使整个空间达到意境的协调，富有艺术性与舒适性。

1. 铁艺鱼型装置悬吊半空
2. 保留原有水泥质感的梁体
3. 弧形门洞的入口

1 | 3
2 | 4 | 5

1. 老橡木经过了锯齿处理
2. 鱼胶展示厅
3. 水泡型艺术灯象征生命之水
4. 木楼梯通往二楼接待中心
5. 大面积玻璃窗引入自然光

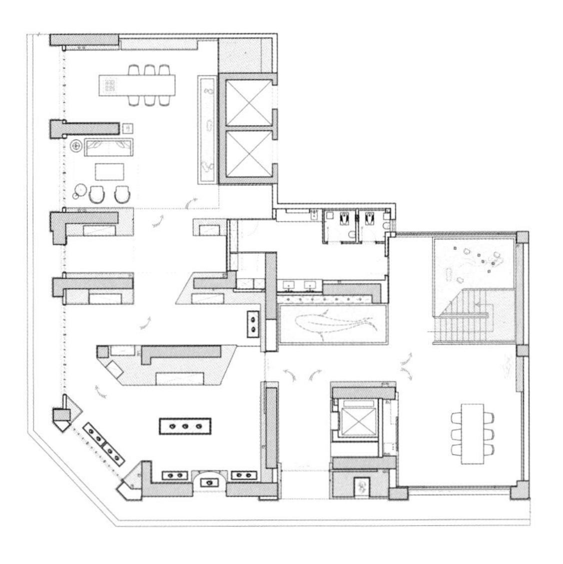

1F 平面图

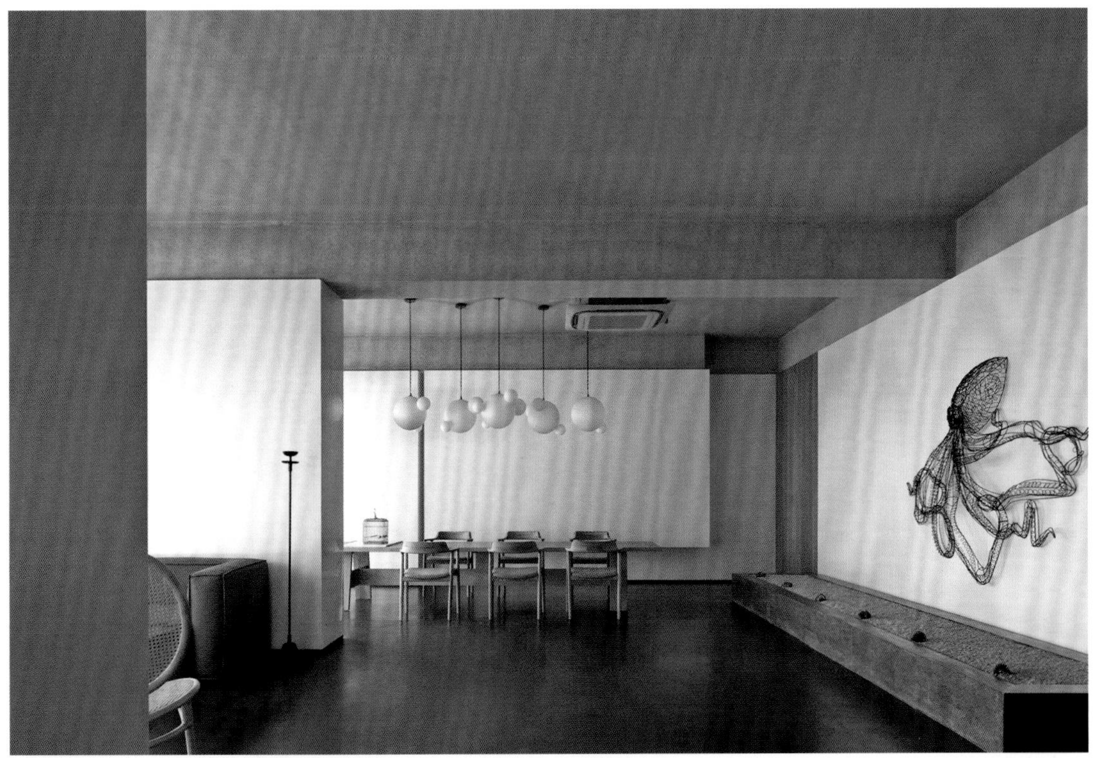

沣东阿房书城

设计单位：巨汇设计有限公司
设　　计：程瀚陞、陈新强
面　　积：3500 平方米
坐落地点：陕西西安
完工时间：2019 年 6 月
摄　　影：金伟琦

阿房书城：科技与人文糅构的一部“未来简史”

十三朝古都西安，承载着千年历史的文明，也渗透着当代生活的脉络。二者汇聚成未有过的多元化，构成城市的独有韵味。阿房书城位于西咸新区沣东新城，因毗邻阿房宫前殿遗址而得名，曾经的秦朝行政中心，如今则居于西安发展蓝图的 C 位。基于历史沿革与地理位置的重要性，需要一座什么样的书城，以填补周边 5 千米区域内没有大型阅读体验空间的空白，是本案的设计发想。

作为西咸新区首家大型文化综合体，阿房书城选址沣东自贸新天地内，面积达 3500 平方米。项目超越狭义的书城概念而自带图书馆的属性，成为公共生活和城市文化的载体。对于城市来说，时间并不是线性的，在时空交错的背景下，1200 平方米的儿童专区以未来系的科技感，将新世代的创造力和想象力引向深远的自由与未知。

整个空间运用软膜天花照明，烘托舒适柔和的视觉感受，吊顶、墙面与地坪用水泥灰色调教出空间层次。全息 3D 展示玻璃管强化了未来场景元素，手作台更为儿童提供了丰富的互动内容。符合儿童身高和浏览习惯的书架、桌椅及动线，凸显设计的人性化尺度。水平肌理与流线形体带来巨大的视觉冲击，在有限的空间内营造无垠的视野与想象。

中庭与成人阅读区将空间线索还原至历史文脉中。设计没有套用符号式的复古手法，代之以谦逊隐喻的整体氛围营造，契合西安的城市内涵和探索精神。中庭为文学阅读区，通过强化中轴线以凸显仪式感，交通流线亦围绕中庭布置，留白简净的肌理让空间功能回归阅读本身。透明天窗是本区域的设计亮点，利用自然天光渲染静谧的环境色调，将阿房宫赋中的华美殿堂淬炼为当代的极简线条，勾勒出沉心读书的理想之地。

成人阅读区接续中庭的中轴对称布局，以木质、石材和金属描绘直线构图的陈列细节。材质的自然肌理附着在桌椅家具的简约形态中，营造出柔和温润的氛围体验。基于复合经营的商业考量，图书业态与其他消费业态有机结合。低调置入的咖啡区提供了休闲式的社交空间，墨绿点缀穿插在木色空间中，成为跳动的个性隐喻。

人类一直着迷于未来的不可预测，又叹服于岁月涤荡过的经典。这种共通的情感成就了本案的多元设计，重构时间秩序，将过去与未来叠加在现在可达的文化空间中，释放最质朴而震撼人心的力量。

1. 全息 3D 展示玻璃管
2. 儿童手作区
3. 软膜天花照明舒适柔和

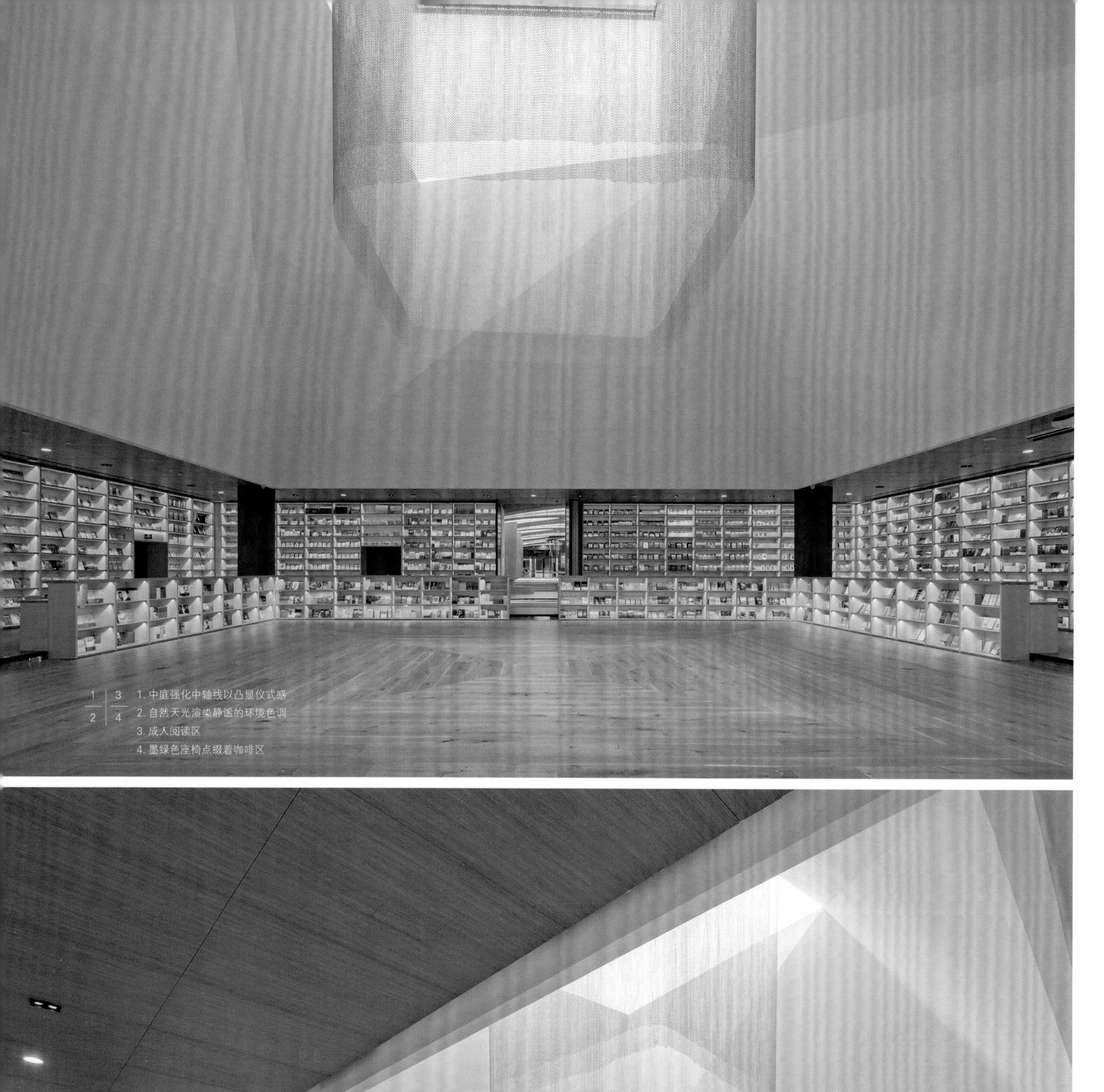

1 | 3
2 | 4

1. 中庭强化中轴线以凸显仪式感
2. 自然天光渲染静谧的环境色调
3. 成人阅读区
4. 墨绿色座椅点缀着咖啡区

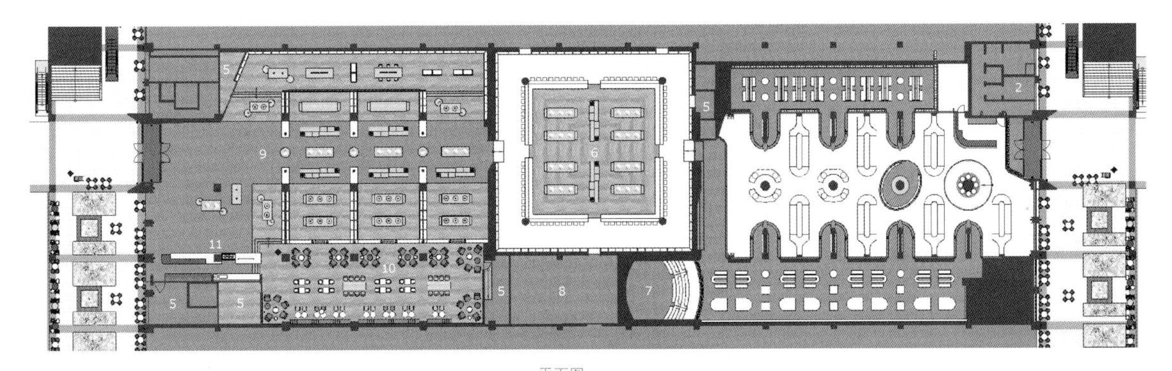

平面图

理想国·崇艺幼儿园改造设计

设计单位：杭州海天环境艺术设计有限公司
设　　计：姚康荣、郭赞
参与设计：胡洁、蓝秀秀、冯丹琳、顾敏杰、蒋玉清、杨敏、何建
面　　积：7,420 平方米
主要材料：木纹铝板、白色铝板、地胶板、环氧磨石、冲孔铝板、彩色夹胶玻璃
坐落地点：浙江杭州
完工时间：2019 年 9 月
摄　　影：林德建

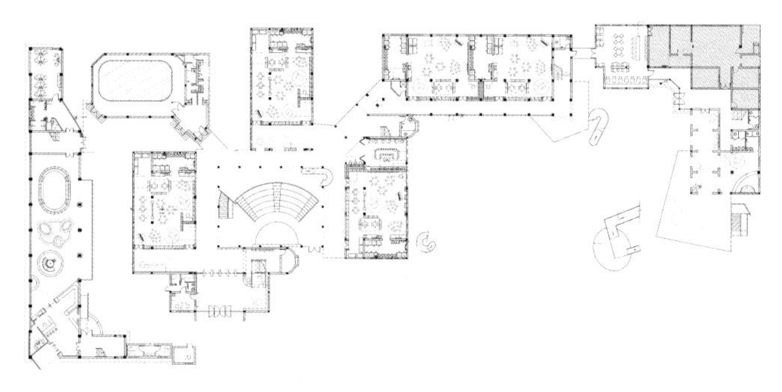

1F 平面图

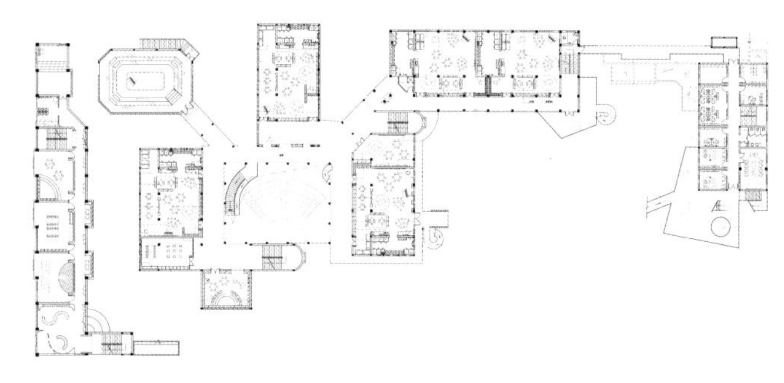

2F 平面图

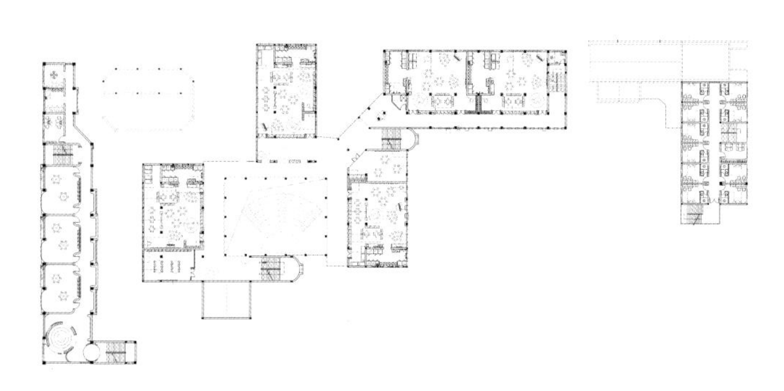

3F 平面图

理想国

崇艺幼儿园是以音乐为特色的一所幼儿园，在整体设计上围绕着音乐的元素进行展开设计，通过以抽象化的、艺术化的、童趣化的表达手法，为孩子们展现了一个极具鲜明艺术特征的全新一代幼儿空间。

本次设计是对原四幢不同时期的破旧建筑进行改造，原有建筑外部陈旧不堪，内部空间昏暗压抑，交通组织错乱无序，不能满足快速发展的幼儿教育要求。因此我们对外墙进行了全方面改造，以节奏感的落地条窗来增加教室的采光面积和孩子视线的通透感。

同时拆除了原本错乱的廊道，通过钢结构在教室外围构筑了一个半包围的连廊，结合钢立柱的柱网关系，以拱的形式创造出一个中庭剧场。剧场是开放的，孩子们在各楼层都能感受到舞台的魅力和音乐的氛围。剧场是阳光的，太阳光通过通透的玻璃顶洒入，带来不同时间段的光影游戏。剧场是经典的，序列的拱洞和外挑的看台，让孩子们犹如置身于典雅的维也纳音乐殿堂。剧场是童趣的，独特造型的看台楼梯以及二楼旋转而下的趣味滑道，再加上外围可爬钻的互动造型构架及玩具，仿佛能看到表演时间外孩子们欢愉玩耍的景象。

把入口门厅比喻为一首旋律的起始，独特的造型、饱和的色彩、丰富的内容，让孩子们感受音乐和艺术带来的氛围渲染。为了创造更好更合理的交通组织关系，我们为几幢相对独立的建筑植入了一条如龙的“旋律”，从门厅到中庭、从一层到二层、从走廊到过厅、从室内到户外、从平台到屋顶，犹如序曲，时而悠扬时而激进。这一切希望能给孩子们带来全方位的愉快体验，喜乐健康的成长，同时感受艺术的魅力。

1. 入口立面
2. 门厅
3. 中庭夜景

1 | 2 | 3 | 4

1. 序列的拱洞和外挑的看台
2. 开放的剧场
3. 饱和的楼梯色彩
4. 凹凸的观演窗

WELCOME

简境园创学社

设计单位：苏州师造建筑园林设计有限公司
设　　计：朱高峰
面　　积：156 平方米
坐落地点：江苏苏州
完工时间：2019 年 6 月

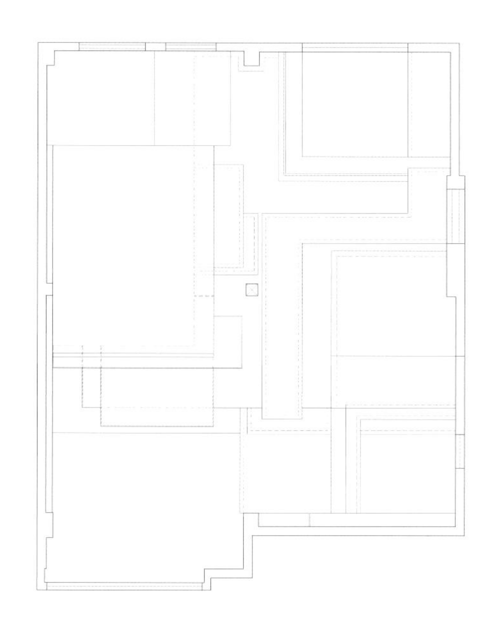

平面图

1. 室内的园林
2. 自然质朴的材料
3、4. 人居与自然的对话

屋外阳光明媚，有一棵老树，树影在斑驳的外墙上晃动；室内阴暗，带着些空气的沉闷感。第一次感知空间的原始面貌，设计师便被空间的低尊严感和气候的封闭无奈性所感动。“我想在宅内建造一座园，把我们的故事写进去，也写给老树听。”设计师认为空间人居和自然一定是需要对话的，然后共生，甚至互生。

设计是从环顾外墙开始的，设计师试图从空间以外寻求气候赐予我们的冷暖变化和气流趋势。借助墙体的朝向方位和层高关系，通过对自然的温湿度变化的分析和呼应，将有限的空间设置出三个分别代表了宽敞明亮、气流活跃和与自然对话属性的不同尺寸及功能的门厅。将地面进行垂直起伏分布，和空间其他立体关系的设置，以达到空间本身的收放关系，起到促使气流可导向运动的作用。

水雾是天然的空气净化剂，也是光影变化的营造专家，而木石本身对温度具备敏感性和包容性。设计师通过对室内微气候的营造，即使足不出户，也能感知四季变化；即使远离科技设备，也能感受到室内温和的气流变化和舒适的温度体验。

“如果脱离所有的设计技法，我相信空间的物相呈现一定是源于使用者对于空间的心法。”空间运用了大量自然质朴的材料去代替原本该有的华丽，设计师试图让每一位空间的使用者都能和自然进行互动。空间没有强制性的功能分区，开阔或私密、质朴或精致、灵动或安静，全凭使用者以最舒适最符合心情的状态去选择，因为每一个地点都可以产生不同且稳定的空间感觉。

通过使用者对空间物相的形、材、色、质的感知，去遇见自己内心的温度和情怀。设计师认为，“只有使用者遇见自然，才会发现真我；只有发现真我，才会心源得境，才会意识到保护自然，以及和自然共生、互生的重要性。”这也许就是“简境”所想要提倡的人居和自然相互依存的对话关系。

1	3
2	4

1. 不同方位的墙体和不同的层高
2. 空间的立体关系
3. 地面的起伏分布
4. 水雾是天然的空气净化器

思南书局诗歌店

设计单位：Wutopia Lab 非作建筑
主持建筑：俞挺
项目建筑：濮圣睿、李明帅
参与设计：亢庆贺、蒋雪琴、陈骏、马吉庆、潘大力
设计咨询：上瑞元筑设计顾问有限公司
修缮设计：上海建筑装饰（集团）设计有限公司
结构顾问：于军峰
照明顾问：张宸露
面　　积：388 平方米
坐落地点：上海
完工时间：2019 年 12 月
摄　　影：CreatAR Images

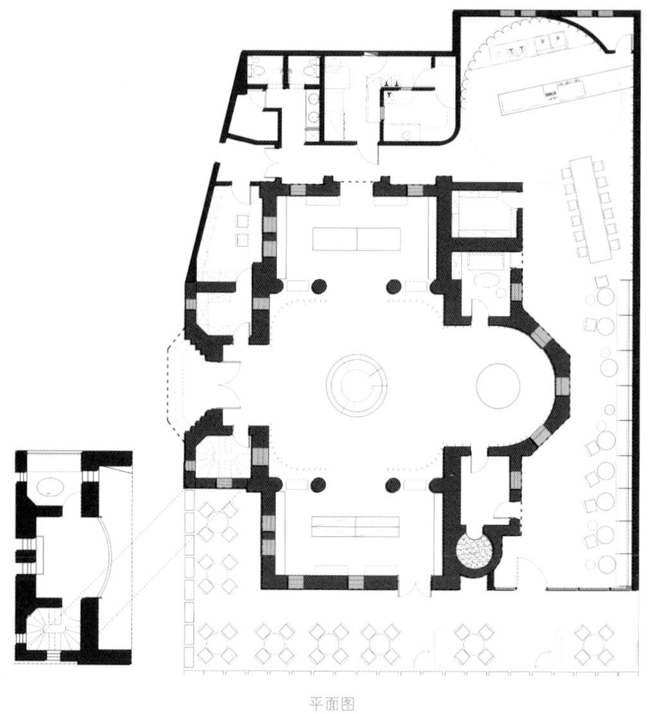

平面图

思南书局诗歌店，上海最动人的书店

Wutopia Lab 以“Church in church”概念在上海的历史建筑圣尼古拉斯教堂旧址里用 45 吨钢铁打造了旧教堂里的新书店思南书局诗歌店。这是上海最大最全面的专业诗歌书店，提供 1000 册不同语言的诗集。诗歌店设计延续了 Wutopia Lab 基于对偶形成的一贯的魔幻现实主义风格：穿孔钢板、半透明、不确定的光线、色彩以及戏剧性的诗意。

皋兰路 16 号的东正教教堂旧址是上海第二批优秀历史保护建筑，建成于 1932 年。几十年间用做过办公、工厂、仓库、食堂、住过人，之后还变成过会所、餐厅，最后被闲置。我第一次站在教堂旧址里，仿佛在某个迷宫废墟，但习惯了黑暗后，凭着建筑学知识以及城市历史经验，可以辨识出从建成之初开始历代增益的建造痕迹。围绕这个旧教堂不同时期的加建以及装饰的各种痕迹挤压在一起，和原始空间咬合成为一体。

项目要在上海市历史建筑保护事务中心出具的告知单下才可以实施，不得改变建筑现有的立面结构体系、基本平面布局，壁画和特色装饰作为重点保护部分都不可以触及。拆除干净不必要的墙体和楼板，如建于 20 世纪 90 年代的钢结构夹层，还要把建筑空间剥离干净而将其原始形象显现出来，恢复主殿的高大空间。东侧搭建的建筑需要截短，在立面上和教堂旧址齐平，尽量追溯教堂空间最初的材料，比如柱子、花饰、墙面以及地坪。地面经历破损修补，主殿地坪只剩下水泥垫层，而侧殿地坪一小部分是最初的金山石地面，大部分是 20 世纪 70 年代改建后遗留的水磨石地砖，所以必须保留。地砖在经过几次打磨清洗后，仍依稀有着当年的油污，算是作为工厂的记忆而顽强保留了下来。

我相信诗歌书店应该是上海的神圣空间，它要有独立的精神性而不应该假于旧址的宗教性。既然教堂旧址的墙壁天顶不可以触碰，那就用书架在旧建筑中创造一个独立结构体系的新建筑，这就是 Church in church，一个现代人的精神庇护所诞生在曾经是某些人的信仰庇护所之内。与砖石砌筑的教堂旧址不同，我用银光闪闪的钢板打造了这个新书店。书架的隔板和立档都是全焊接钢板网格结构体系的一部分，它们彼此作用形成一个钢铁书架构建的室内建筑。书架没有背板，穹顶的光线依然可以洒入书店，还隐隐约约露出教堂旧址从 1920 年到 2019 年不同年代的痕迹，包括那组 21 世纪初作为餐厅时老板请美院学生绘制的天主教风格壁画。钢铁书店和砖石教堂成为了一个新的整体。

地面上沿墙壁用光带形成建筑建成时最初的平面轮廓线，读者沿着轮廓线可以判断出哪些是加建。我把原搭建建筑改建成一个咖啡馆，和银色的书店相对，用巧克力色消弭在一个温和慵懒的背景色之中。暴露在外的教堂建筑立面被要求不可动，我们判断此立面其实被不同年代的涂料反复叠加而在细节上失真了。于是决定在咖啡馆一侧的墙壁上做个试验，当把层层叠叠的涂料剥离后，1932 年的墙壁终于显露出时间的质感和沧桑。书店一楼的窗子原本贴着褪色的彩色玻璃纸，改用蓝色贴膜代替。日光透过贴膜洒入侧殿，渲染出接近无限透明的蓝色，消解了侧殿的实体感而烘托出主殿的光辉。

钢铁书店是 30 个工人用了 80 天建造的，工人先按照图纸把钢板切割组成 128 根立梃、23 层横档所需的 640 片大钢板和 2921 组小钢板。然后在室外预装无误后拆除再运到现场一点点组装焊接，最后在和不可触及的墙壁不到 50 厘米的距离前有条不紊地拼出这个 388 平方米高 9.9 米的书店。

银色的书店里，一个小小的楼座被改建成金色的讲坛。钢铁书店和砖石教堂旧址形成一种在形式上不触及但情绪上毫无疑问你中有我、我中有你的关系。而诗人应该在这最崇高的地方大声朗诵：“人生到世界上来，如果不能使别人过得好一些，反而使他们过得更坏的话，那就太糟糕了。”

落成那天，我沿着被蓝光笼罩的螺旋楼梯而上，站在讲坛前低声吟诵着：“我热爱诗，我用它创造世界。”思南书局诗歌店是“献给无限的少数人”的礼物，是上海的灵魂。

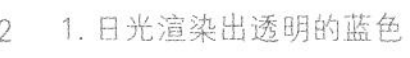

1. 日光渲染出透明的蓝色
2. 银光闪闪的钢板
3. 书店外景

1. 充满戏剧性的仪式感
2. 巧克力色的咖啡馆
3. 20 世纪 30 年代的墙壁显示出沧桑感
4. 书架没有背板

上海中心朵云书院旗舰店

设计单位：Wutopia Lab 非作建筑
主持建筑：俞挺
项目建筑：濮圣睿
参与设计：潘大力、孙悟天
照明顾问：张宸露
面　　积：2,259 平方米
坐落地点：上海
完工时间：2019 年 8 月
摄　　影：CreatAR Images

1. 云端的书店
2. 书院占据了整个楼面
3. 隐蔽的黑书房

中国最高的书店——上海中心朵云书院旗舰店

Wutopialab 应上海世纪出版集团的委托在中国最高建筑上海中心的 52 层设计了水墨设色的朵云书院旗舰店。朵云书院旗舰店是个小型的空中文化综合体，由七个功能区组成，涵盖书店、演讲、展览、咖啡、甜品和简餐等不同功能，共有 60000 册书籍和 2000 种文创用品。239 米高处的旗舰店是目前中国绝对高度最高的商业运营书店，是上海重要的公共文化场所和文化地标。

朵云书院旗舰店是建筑师献给上海的一本散文集，经过三年的策划，大家最后决定在最高的上海中心里建造一座梦境里的书店。无论摩天楼外型看上去有多复杂，在拓扑学上看都是一样的，是围绕着核心筒布置的环形空间。书院占据了整个楼面，进深浅而流线长，容易单调。我把书院看成一个有不同情节组成的系列故事，用节制的色彩和对偶来讲述故事。第一次在 52 层勘地那天是个阳光饱满的午后，我突然想只有黑白片才能恰如其分有质感地表达此刻的感动。

封闭的场地让一切暗淡，看着壮观的黄浦江曲折而过，仿佛在山上。我马上决定造一座白色抽象的山，它由半透明的书架构成，层层叠叠在电梯间尽头展开，这是开门见山。相互掩映的山洞尽头是波澜壮阔的天空，地面光洁可鉴，晴朗的日子里可以反射云蒸霞蔚的天空，这一切都让这山漂浮起来，成为日常的奇迹。

北侧我用圆形书架围合成一间间黑书房，它是上海中心的秘境，也是隐蔽的书店，它默默地生长，一个个圆形彼此联系并向外扩张，紧密地包裹着你。你陷入圆形，它仿佛就是思想，你可以在思想中漫游、迷失，停下来发呆，或者径自跑开。

物业从严格消防管理出发，要求墙地顶的材料只能是 A 级防火材料，施工现场管理严格，每天只允许 2 千克的油漆或者香蕉水带上楼，更不用说现场切割电焊了。建筑师必须随机应变，以活动书架作为分割形成室内不同的区域，同时设计中书架不到顶，消火栓和防火门都保留，就此保证不改变原有的消防分区。以货梯的尺寸为依据，把书架分成可以搬运的部件，书架在工厂预制，最后由工人搬上 52 层安装成整体。这不仅是体力活，也是精细活，安装过程中不能出现太多的磕碰和破损，现场不许喷漆，这大约是我遇到的最挑战的一次装修了。

52 层有两个边厅，也就是花园可以给书院使用。花园里巨大的盆栽、喷水池和石墩占据了有限的空间，搬运这些沉重的东西也算是巨大的工程，最后还留着几个石墩和大树无法搬离。于是我设计了两个不锈钢的叶子形高桌，银光闪闪的叶子嵌在树池和石墩之间，桌子好似银色的云，呼应着朵云的主题，业主把这里命名为好望南角。

在黑白之间设置了一个灰色空间，墙壁由两层组成，外面一层旋转出来形成重屏的格局，可以做展墙，业主命名为海上文薮。当代意义的书店已经不是一个单纯购买知识的场所，它更是一个社交场所，我们在这里演讲、展览，交换彼此的记忆。书院就像一块海绵吸收着不断涌流的记忆，我们在记忆的潮水里漂浮。当我的目光从环球金融中心经过金茂，尽头是东方明珠时，我想一个行云流水般的吧台很合适把脸放在上面，愉快地欣赏上海。最后 52 米长的吧台诞生了，它是不是最长的吧台并不重要，重要的是它联系了被遗忘的历史和生机勃勃的当下。

任何故事都离不开人，男和女的关系是永恒的话题，它依然精致镶嵌在我的散文集里。故事从男生开始，那是蒂芬妮蓝的精品咖啡嵌在白书房里；故事在女生那结束，那是 Blingbling 的粉色甜品屋，仿佛巨大的彩蛋。白书房一角是豆瓣高分图书区，于此相对应的是黑书房尽端墨绿色的伦敦书评专区。一个代表东方，一个代表西方，而东方和西方就是这样，相互依存、相互竞争、相互学习、相互吐槽，有时有爱、有时则无。

朵云书院就是上海中心这个垂直城市里的微型城市。它是一种英雄主义，洞悉了生活真相仍然热爱生活；它是一种乐观主义，实体书店的经营明明很艰难，但阻挡不住对未来的信心；它更是一种理想主义，坚信每一本书就是世界；它无疑也是一种高度的人文主义，是上海的精神堡垒。我们会觉得在朵云书院旗舰店度过一天一定是幸福的。

1. 站在中国最高处的书店
2. 不锈钢的叶子形高桌
3. 一览众山小

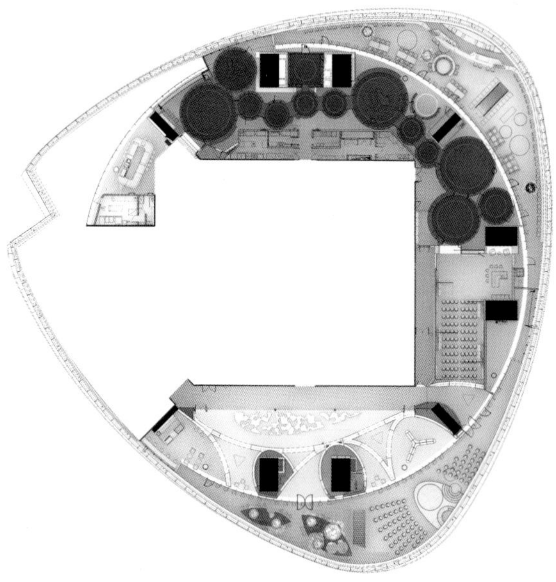

轴测图

1	3
2	4

1. 粉色甜品屋
2. 宛若白色抽象的山
3. 书架层层叠叠的展开
4. 愉快地欣赏上海的美景

天津和美婴童国际幼儿园

设　　计：王俊宝、傅会明、欧吉勇、陈健、旷文胜、KUN
面　　积：8000 平方米
坐落地点：天津
摄　　影：侯博文

探寻从未停止，奔赴所有未知的港口，用艺术来一场动手的交换。从虚幻到现实，从追寻到化茧成蝶，万物生长的力量总让人充满惊喜和期待。我们一直在追寻孩子“蓬勃生长”的力量，此力量超越视觉本身，当进出口贸易中心遇见幼儿园，会发生怎样的故事？我们将藏于心底的故事娓娓道来。

此园所是基于现有的建筑物，由一个进出口贸易中心改造而来，拥有清晰的规划结构和简单的建筑外观。起初处于废墟状态，经过漫长地实地勘察、测绘，我们试图打破边界，将自然元素以一种非自然的形式来表达，尝试寻找关于幼儿园的无限可能。

和美婴童国际幼儿园中北园所坐落在天津市西青区，地理位置优越，是天津市目前最大的国际幼儿园。幼儿园室外只使用了三种颜色：蓝、黄、橙，强烈的色彩对比和形状冲突显得概念感十足，更是一场生活态度与艺术的邂逅。

培训楼以大气沉稳又极富层次感的线性设计打造，吸睛的标志性轮廓借由量体分割划分出空间的功能区域，让步入空间形成递进、转换层次的变化。

每一个窗子都代表了一个梦，通过大大小小、高高低低的窗子布局，让一道道阳光透进来，与大厅内象征太阳的造型设计遥相呼应。站在楼顶俯瞰，建筑、人文、自然，都以不规则的多变形区域呈现，互相分离又紧密相依，成为孩子们的精神栖所。

简单质朴的木质材料，寓意回归自然本真的主题，回归一切色彩的本源，本心出发，用无色之色探寻幼儿园最原始的魅力，至纯至性。设计摒弃以往幼儿园中常见的斑斓彩色，以白色为主基调，少许绿植作点缀，隐隐透着春天的气息，干净纯粹的空间给予视野无限的放空与遐想。

园区的种植系统也是学校教给孩子们的一项课程，一年四季，种植区域将跟随季节的推移、植物的选择和生长周期的变化，发生巨大的改变。

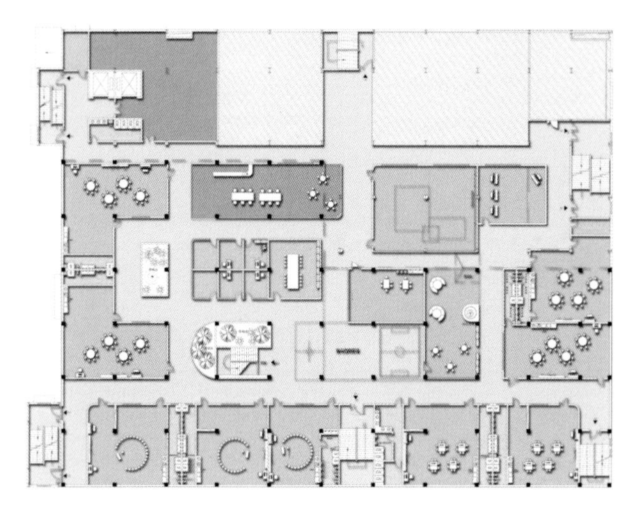

2F 平面图

1 | 2

1. 建筑立面
2. 儿童运动游戏区

1 | 3
2 | 4 | 5

1. 以白色为基调
2. 大厅天花是象征太阳的造型设计
3. 儿童教室
4. 大型游戏装置
5. 儿童卫生间

望春堂

设计单位：汉格空间设计
设　　计：卓稣萍
参与设计：卓永旭、王旭辉
面　　积：620 平方米
主要材料：木饰面、木丝板、乳胶漆、仿古铜不锈钢、石材
坐落地点：浙江宁波
摄　　影：金像摄影

设计中的遇见

他要像一棵树栽在溪水旁，按时候结果子，叶子也不枯干。

教堂位于公园里，南面有一条静静的河，河边树木枝繁茂盛。设计之初，在建筑与自然里寻找空间应有的特性，感受神所要赋予的建筑语言。抬头仰望，屋顶上的六个窗透过光影洒落在水泥地上，就如经上记载："我是世界的光，跟从我的，就不在黑暗里走。"礼堂的大门尺度不大，但是可以将门外的绿树与河流框入眼帘，户外的自然与室内的光辉由此共融。坐在礼堂的条凳上，静谧的光影洒落在凳子上，静静感受神的同在。

教堂是神圣而宁静的，让喧嚣的心灵得到平静，让世俗的灵魂得到洗涤，让惘然的生命重新看到希望。所以设计也必然是本质而虔诚的，用纯粹的内心，本质的材料和自然的光辉去呈现这个场所的精神。

1. 教堂庄重的对称布局
2. 屋顶的六个窗洒落光影
3. 室内外共融
4. 细腻的木线条

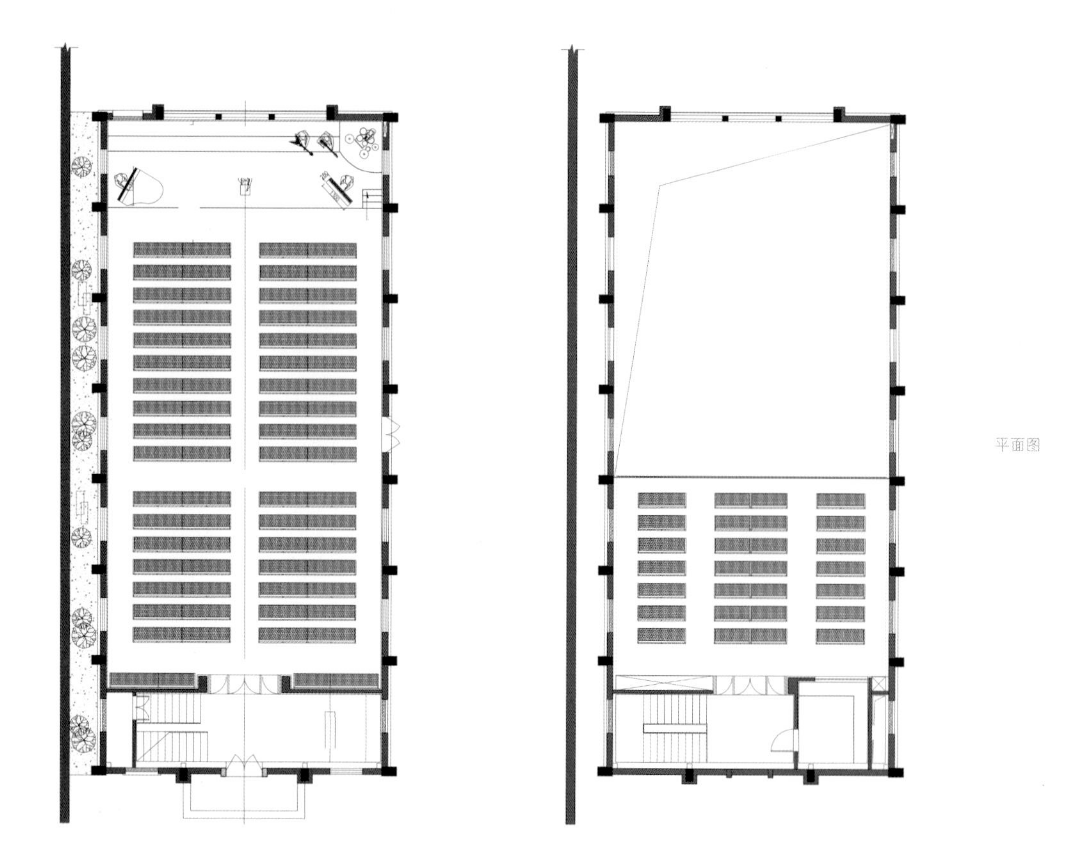

平面图

1 | 2 | 3 | 4

1. 礼堂的条凳
2. 沿阶而上
3. 专注的神父
4. 虔诚的十字架

悦动·新门西之晓书馆

设计单位：常橙文化创意（宁波奉化）有限公司
设　　计：蒋友柏
参与设计：林靖杰、陈明陵、王慈慧、王耀庆
面　　积：1,000 平方米
主要材料：水泥肌理、铝板弯折搭配大面清玻璃、烤漆不锈钢
坐落地点：江苏南京
完工日期：2019 年 10 月
图片来源：杭州大屋顶文化

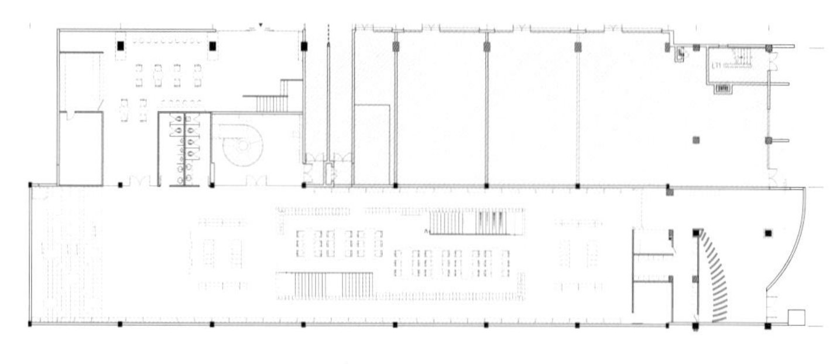

平面图

一座阅读和对话积淀出的书城

晓书馆是由著名音乐人、导演、作家高晓松发起并担任馆长的公益图书馆。常橙文化接收到的设计任务为晓书馆的第二站，项目地位于南京的"悦动 · 新门西产业园区"。南京晓书馆将南京明城墙作为设计灵感，来到晓书馆，就像打开一座城门，可以在各种不同知识领域的城墙之间来回穿梭，通过阅读挖掘，通过对话明辨。常橙文化以"走进阅读与对话积淀出的城"作为故事线，"城墙"作为主要设计语汇，并保有杭州晓书馆的设计意象（老厂房的水泥墙柱、大书架、大阶梯等），基地配置以南京城墙标志性的"一城、二马道、三瓮城、四城门"特色配置作为发想基础。

第一道门是带领读者进入晓书馆外场（城外）的文化客厅，这里是作为图书馆前台、文创展售、信息高地、后勤服务等多功能场所。主入口设计意象为一本"空白之书"，大面积留白的弧形墙面带出"空白书页"的视觉意象，如扉页又似序言。

第二道门正式进入到晓书馆内场（城内），将看到两面高耸入顶的水晶城墙，以美学创新手法致敬南京明城墙，利用铝框与清玻璃的光影折射，以及材质本身的特性，传递新意与穿透感，颠覆原有南京明城墙以砖石建造的古意与密实感。

第三道门，可以进入"城墙阅读区"，作为晓书馆主要的藏书陈列与阅读区域。顺着楼梯到达二楼，可以俯瞰场馆，恣意遨游于书城，营造"逛城墙"的体验氛围。而瓮城两旁是直通到底的"马道"（书廊），这些是根据"瓮城"的设计意象并做出现代的转换。

第四道门进入文化广场，作为可容纳 170 人以上的大型沙龙 / 对话空间。"文化织台"是基地的打卡端景，柚木材质的"大台阶"，排列组合出交织的图纹，象征文化广场的对话与交流。

1. 书馆入口
2. 书廊
3. 意向为一本“空白之书”

晓書館
XIAOSONG LIBRARY

晓書館
XIAOSONG LIBRARY

1|2 | 4
3 | 5

1. 文化织台
2. 高耸入顶的水晶城墙
3. 简练的局部照明灯
4、5. 城墙阅读区

章堰文化馆

设计单位：水平线设计
设　　计：琚宾
主持建筑：周志敏、何斌
建筑设计：张佳、邓树玉、宋文裕
室内设计：韦金晶、盛凌翔 、罗钒予
灯光顾问：深圳市君仕坦实业有限公司、炜璧祖诺（上海）商贸服务有限公司
面　　积：1064 平方米
坐落地点：上海
摄　　影：是然建筑摄影、苏圣亮

修复、保留，从内部生长而出……章堰文化馆的“生长”将过去未来及现在都囊括在其中，包含着除开“生命”本身的等等引申义。石拱桥、城隍庙、灰瓦白墙，这是个传统到一定层面并且本身就拥有完整意境的外环境，从对象符合观念的方式去理解和构建新的存在。但同时也可以换个角度，回到先天结构，回到人与天地本身，借助外界所获得的感觉经验、直觉、印象等等，将人面对这片土地时的种种情感现象融合，从主体建立起客体，由客体承载起主体。

玻璃、残砖、白色混凝土坡屋顶，不单一固定，多种组合关系，拼接、比对、承前顾后，浑然是一个整体。设计团队用两年半的时间，在有限的空间内造出好似无尽的园，游走的动线得丰富，心理预期得调足，水不止是水，墙也不止是墙，与树、与鸟、与香味，排列组合成数列的幂次方。因为空间不仅仅是空间，还是五感的集合点，需要有着耐品的对比和张力，身在其中才能产生完整且多重感。

章堰文化馆的意义是以“时间”为前提的。历史、当下与未来之间的并置探讨，并不只是对废墟与新生的考量，而是一种重叠与重构，是在时间轴线上讨论一种非单一线型叙事手法的可能性。当新的变旧，旧的消融进时光，更新的又再会出现后，此时的新旧又是怎样的一种姿态，进入怎样一种日常？但两棵古树依然在原地高耸着，随着天光变幻，年复一年。

1. 场地南侧
2. 夜景
3. 白色混凝土屋顶
4. 新旧对比
5. 展厅

1. 一侧的老墙
2. 有限空间内造出无尽的园
3. 取景
4. 过道

杭州东坡大剧院室内改造

设计单位：典尚设计
设　　计：胡昕
参与设计：金煜庭、史建国、韩丽婷
结构设计：浙江省建筑设计研究院
面　　积：4,000 平方米
坐落地点：浙江杭州
摄　　影：WEN Studio

东坡大剧院位于杭州西子湖畔，于 1992 年建成开放至今。原来东坡大剧院的大部分包括剧院门厅设施已拆除改建为银泰百货，这次改造部分仅剩剧院的观众厅和休息厅。受业主银泰置地的委托，本次对东坡大剧院的改造为了结合新的演出模式，通过改造给这个日渐陈旧的剧院注入新的活力。

本次改造结合现代歌舞剧，还原表演和空间的真实状态，用最朴素的语言去感染观众。希望通过减法的方式逐渐剥离建筑物上沉重的历史痕迹，舍弃无用的装饰，保留不同时代的印记。回到建筑最初始的状态，将消失的空间释放出来，就如其即将迎来的现代剧演出一样没有过多不必要的装饰，一切都是为了演出所服务。当下太多的剧院都是剧与场的分离，设计师试图让观众踏入剧院大门的一刻就是大幕的拉起。

东坡大剧院的改造设计采取了减法的方式，把剧场中不同时期的构筑装饰拆除，还原空间的原始面貌，试图以最少的干预来重塑空间。将空间、结构、设备再次梳理后，对观众可触及的空间进行必要的修饰；将梁、柱、设备重新组织过的门厅空间，使一切显得单纯而有秩序感，从纷攘的闹市中进入休息厅顿时安静下来。剧院建设初期墙体的粉刷装饰以及休息厅阶梯护栏的元素加以使用，墙面竖向肌理的水泥纤维板和强烈的楼梯栏杆是向历史的记忆痕迹致敬。通过强烈对比强化大台阶，将观众引入凹在深处的入口，飘在空中的红色象征着舞台的大幕在黑色背景中显得隆重而热烈。拆除观众厅的吊顶和墙面装饰后重新塑造了一个更为开敞的观演空间，消除了原有观众厅的压抑感。观众厅的混凝土，黑色钢板，如萤火般的灯光仿佛置身在上古的洞穴之中观赏歌舞表演，还原剧院的最原始面貌。

1. 入口飘在空中的红色
2、3. 开敞的观众厅

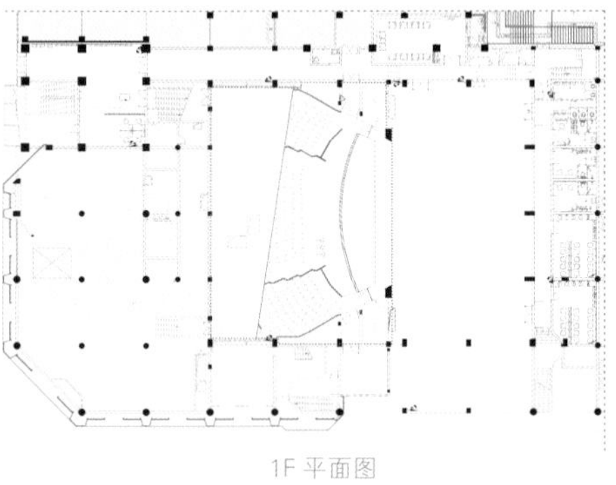

1F 平面图

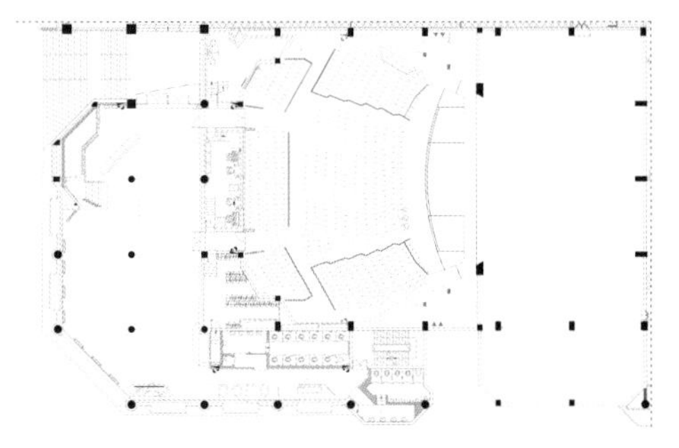

2F 平面图

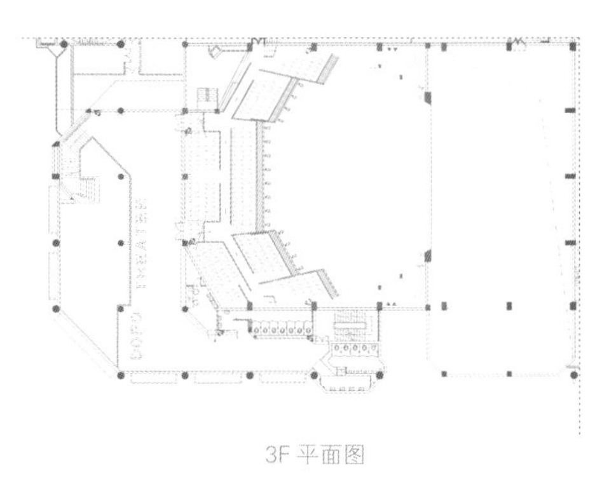

3F 平面图

1、2. 休息厅
3. 混凝土和黑色钢板还原最原始的面貌
4. 向历史的痕迹致敬

服务台
INFORMATION

天籁・海景度假酒店设计

设计单位：BA XUN 建筑工作室
设　　计：八旬
面　　积：700 平方米
主要材料：双廊传统手工石材、木材
坐落地点：云南大理
完工时间：2019 年 3 月
摄　　影：坛坛

天籁・海景度假酒店设计是对白族传统建筑艺术的剖析，并以此延伸至整体空间设计。通过对天然石材、传统建筑形式的创新，将建筑合理的融入到周围的整体环境，又具有自己的特点。分析思考传统建筑能给我们什么样的引导与启示，并以此延伸至整体空间，这是一条非常重要的线索，如何将建筑合理的融入整体环境氛围上，并且如何将其与之区分出来，这也是一大难点。设计上，汲取了白族的传统民居建筑材料及纹样，大理的光照较强，传统的白墙在强光下较为刺眼，并不适用于现代白族民居，在主体建筑材料上，选择了当地传统的手工凿面青石板，带有一种独特的朴实之感，合理开窗，增加采光，来弥补传统白族民居对于采光的不足。

在保持原有的白族民居建筑格局之外，加强了空间叙事性，进入酒店，踏在青砖地面那一刻，你会发现有很强的探索性，没有琳琅满目、应接不暇，而是娓娓道来，或许在转角处会看到墙面上传统的石雕，再走几步，会看到烈日骄阳下大树透出的点点光斑，再走几步，会穿过带有仪式感的拱门，看到趣味的空间陈设，毛石墙、青石板墙面都会给你带来独特的感受，印象深刻。天然石材、传统建筑形式的再设计，巧妙的解决了建筑与人文自然之间的冲突，让三者相互辉映。天然的石材经过人为的手工雕琢更为朴实，加以自然竹木板、木材的运用及老家具的陈设，使得空间更有温度。

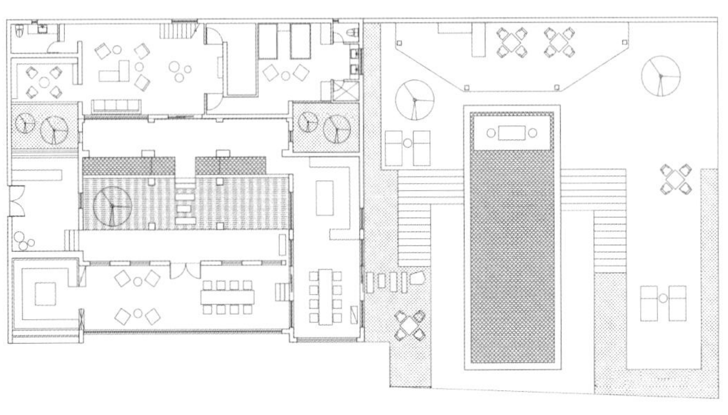

1F 平面图

1　1. 蓝天白云勾勒建筑

1. 建筑外立面
2. 仪式感的拱门引导空间叙事
3. 双侧拱门界定餐厅
4. 阳光统一空间的材质

1. 光影与编织纹理的交织
2. 色彩的强烈对比
3. 休闲空间局部
4. 白色与木色安静舒适
5. 开放的挑高视野

瓦筑·国子监精品民宿

设计单位：B&D 博睿大华设计
设　　计：邓鑫
参与设计：邓天灿、李威骏、赵金建、银东
软装设计：李静 、邓贝贝、 白旸
面　　积：660 平方米
坐落地点：云南大理
摄　　影：江河摄影 | 江国增

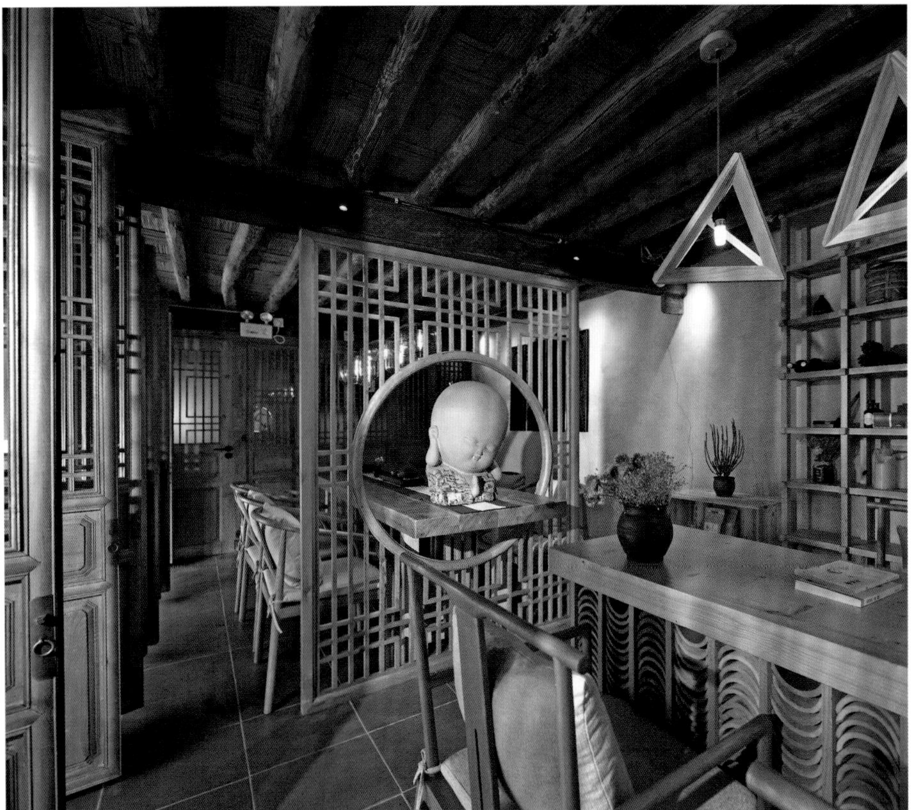

和一切求快的气质格格不入，却与十方风月心灵相通。“瓦筑”，带你回到原始和根本的生活，对时光与季节顺服，重拾日常灵韵。著名设计师邓鑫在负责寺前村“中国传统村落”规划设计时，发现了这个国子监杨质清所建，全村保存最为完好的百年白族老宅，历经两年多的精心打造，瓦筑・国子监精品民宿开门迎客。典型的四合五天井白族古建民居，后被杨质清后人改为三房一照壁。设计师本着尊重历史、尊重传统的初心，改造时恢复了四合五天井的原貌，以修旧如旧且不改变原有结构格局的基础上，重新建构规划为满足现代旅游住宿体验的民宿空间。四比六的公共区域与客房区空间规划，给客人最大的休闲活动体验空间，发呆、看书、聊天、喝咖啡、品普洱茶。

1 | 2 | 3
1. 外门厅白族风韵的延续
2. 青砖青瓦塑造空间
3. 洽谈接待区

从建筑、景观到室内，遵循就地取材、老物新用的原则。剑川的传统木材门窗，鹤庆的人工雕琢毛石，宾川的土窑青砖青瓦，田地里特有的灰土黄土，凤凰山松林下的山茅草，沙溪古朴厚重的黑陶，随手拣来的枯树枝，山上随处可见的芦苇花，还有老木废砖……通过当地传统工匠及设计师之手，闪耀着迷人的文化光芒和艺术魅力。薰衣园树屋的建筑形态与室内环境力求自然、原生态，充分融合山林自然环境，以木构毛草屋及高反射镀膜玻璃，突出树屋在环境中“自然生长”的原有形态，表达自然而然、轻松舒适的空间氛围，追寻“没有风格的风格”“道法自然”的意境。

树屋遵循原山地地形及古核桃树林的自然肌理，不破坏一棵树的原则，将隐形、星空、蜂巢、休闲餐吧4栋建筑与核桃林环境完全融为一体，就像自然生长出来的一样，建筑与环境无缝对接，达到“天人合一”的境界。圆形、方形、八角形三栋树屋在核桃林里私密独立而相互联系，树屋内舒适宽敞的空间、老木电视柜写字台、进口实木地板加地暖、阳台上惬意的藤制躺椅，还有夜晚洒满星星的观星天窗。以及满地的薰衣草和格桑花、浪漫的秋千和摇椅，收获季节还有掉落的核桃，大面积落地玻璃窗让核桃林和阳光随时跑到你的面前……

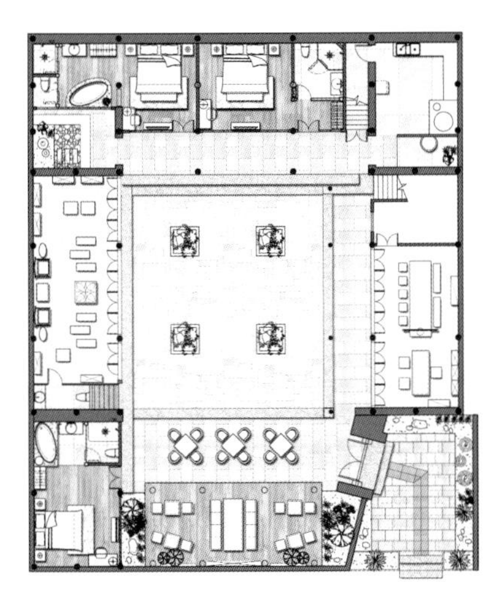

1F 平面图

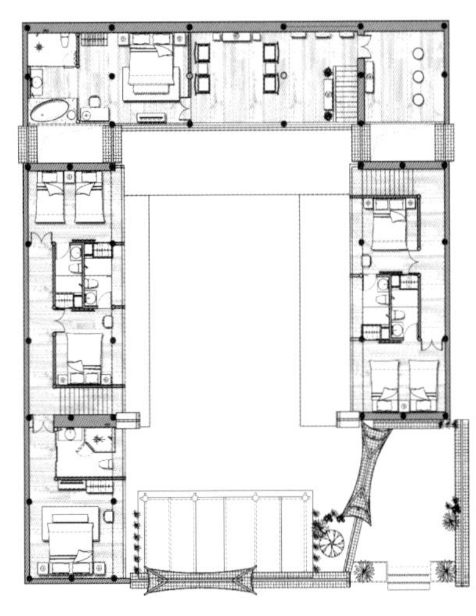

2F 平面图

1 | 2|3 | 4

1. 与自然相伴的树屋
2. 舒适的休闲空间
3. 夜晚天窗洒满星光
4. 休闲一体的庭院空间

画驻·不见山

设计单位：安徽省和同装饰设计有限公司
设　　计：陈熙
参与设计：王成、帅凤、余朝晖
软装设计：安徽省和同装饰设计有限公司
面　　积：630 平方米
主要材料：老木头、水泥、硅藻泥
坐落地点：安徽黄山
完工时间：2019 年 9 月
摄　　影：周跃东

1 2 3
1. 弯曲的青砖路向内延伸
2. 半私密的茶台
3. 木质与混凝土的和谐

老宅的新生

画驻·不见山位于安徽省黄山市黟县老酒厂改造项目内，原建筑陪伴这座小城度过了风风雨雨，残破凌乱。和同设计工作室针对这座徽派建筑的自身特点及山水间不见山系列酒店的品牌理念，对这座老房子进行了设计优化，为这座老房子带来了新生。

因为原建筑年久失修，具有安全风险，设计团队决定重新设计老房子的建筑构造。画驻·不见山使用的大多数材料都是从周边地区回收的老材料，同时基于徽派建筑自身的建筑特点，选用了具有徽州特色的青砖。顶面结构为木质构造，但木结构具有柔性特性，时间久了檐口便会形成自然的弧线，所以当地工人根据材料的情况，手工加工，设计师也需要根据情况随时调整设计。

进入大厅前需要先通过一条弯曲的青砖路，脚下的青砖都来源于当地，门前的小庭院还有一棵老松。大厅地面是素水泥材质，冰凉的触感让人感到平静，进门左手是公区部分，吧台、会议室、茶区、一应俱全。保留一楼西边的一堵原建的老墙，并在墙根种植了一些藤蔓绿植，搭建一个小亭子用来休息茶饮。同时，这堵墙也起到了一部分庭院的作用。

画驻主要分为两幢：一幢为公区大厅和客房“画”系列，另一幢是客房“驻”系列。在画驻的整体定位基础上，对所有房型做了新的考量，为青年学生，组团出游的亲友小队提供了更合理的住宿选择，除了标间和大床房型，还有三人通铺双人上下铺，以及可入住 4 至 6 人的宿舍卧室。

收起徽州画卷，山水已不在眼前，拨开云雾，用心去寻之，所有的表象便多一份理性的思考，浮现的是自身的内心世界，山水之真意了然浮现于心中，已然驻留在你的脑海……

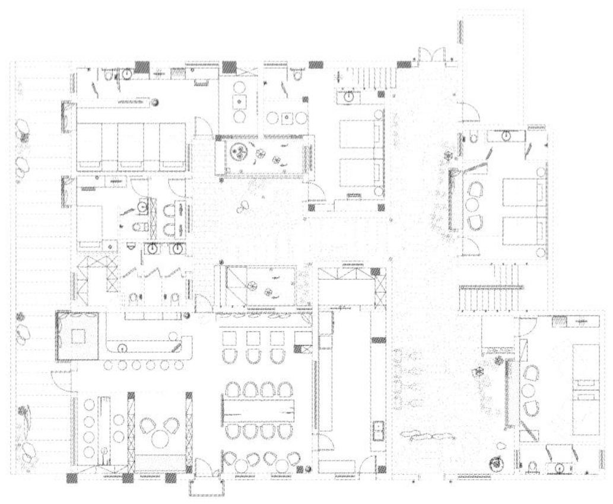

1F 平面图

2F 平面图

1. 中庭空间
2. 二楼休闲一角
3. 朝向庭院引入光线与风景
4. 地面上的木栅格投影
5. 客房角落小空间

大理十九山

设计单位：Wutopia Lab 非作建筑
主持建筑：俞挺、闵而尼
项目建筑：濮圣睿、穆芝霖
参与设计：孙悟天、俞晓明、孙敏、张玮、方崇光（实习）
面　　积：1502 平方米
主要材料：火山岩、玻璃、钢板、涂料
坐落地点：云南大理
完工时间：2019 年 11 月
摄　　影：CreatAR Images

Wutopia Lab 接受好友委托历经约三年在大理海东方完成了一个以水墨为基调的最佳民宿。设计团队面对拆除一空的别墅里，认为每个房间都必须面朝洱海，空间内不做无所谓的装饰。设计将窗户开到最大，无阻碍地把风景变成室内的主角。房间要做到空旷，功能和装饰要做到刚刚好。同时用拱廊来延续周边建筑的“文脉”，每个拱券应对一个柱跨而形成变化，和周边的建筑相比显得克制的活泼。立面隐藏了室内澎湃的冲动，平静微笑地矗立在山坡上。

设计师将黑和白二色组合起来，仿佛水墨画一般设色，使空间避免色调极端，可以与绚烂的蓝山碧水相对应。空间用不同质感的黑色涂料、金属油漆、地板、玄武岩把大门、前台、厨房、茶室、公共空间以及庭院和客房的地面连续成一幅层层晕染的黑色画面。复杂的黑色消弱了客房的白色墙面和天花的神圣性以及不能改动的外墙颜色的世俗性，把不可调和的它们综合在一个叙事结构中，消除彼此的藩篱和对立。推开沉默的黑色大门，黑色地面上闪耀着一地碎片的阳光，进入有着天光的黑色门厅，阳光把黑色洗刷得有些懒洋洋的。进入楼梯间则需要重新适应光线，后面是一间被屏风挡住的黑色门厅，光线透入空间，打开客房大门，洱海尽收眼下。

客房门厅，衣帽间和卫生间被小心隐藏在一道连续的屏风墙后面。屏风上抽象的水墨山水明显呼应着苍山。客房的浴缸被推到室外，两侧各加了一组拱券，产生两个奢侈的户外灰空间。客房在封闭的顶楼外墙处留一个红色圆形高窗，用蝴蝶作为仅有的装饰，出现在客房门厅的天花和客房里狭长的壁龛。光线轻轻地打在蝴蝶轻薄的翅膀上，空气中仿佛有细微的脆响。

1 | 2 / 3

1. 拱廊延续与周边建筑的文脉
2. 红色的圆形高窗
3. 蓝山碧水下的休闲

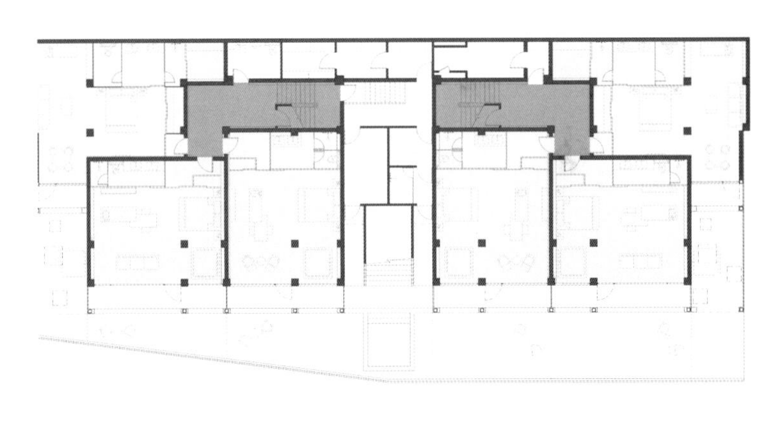

1F 平面图

1	3
2	4

1. 拱券产生两个奢侈的空间
2. 抽象的水墨呼应苍山
3. 光线削弱了色彩之间的对立
4. 黑白间的序列引导

杭州西湖明月楼

设计单位：中国美术学院国艺城市设计艺术研究院
设　　计：谢天
面　　积：680 平方米
坐落地点：杭州
完工时间：2019 年 8 月

月明人倚楼

明月楼在杭州西湖边保俶山下北山街上，背山面水，位于西湖山庄与香格里拉酒店之间，是一栋民国时期的别墅，分东院、南院与北院三部分，面积 600 平方米。本案涉及景观与室内的环境改造，以民宿为基本使用功能，兼顾餐饮。项目地理位置与建筑情况却比较特殊，属于景区内的旧建筑改造，怎样入手，以何种形态呈现，进退何以为度，设计师有着自己的思考。

首先是对满足功能需求的改造，基础设备的置入与布局处理；增加阁楼空间，保证客房的使用；同时保证环境的舒适性以及适应现代生活环境的需要。保留原有建筑的调性，隐藏现代设备痕迹，最大程度上保持原建筑的感受。这方面的设计原则为“藏”。另一方面，在装饰造型与外露的建筑部件上，保持原有形态，对空间中的花格屏风、楼梯、栏杆扶手、水泥墙裙等通过拆卸、修复，统一用灰色油漆装饰，保持原有风貌。这方面的设计原则为“朴”。

空间中新增加的隔墙，造型均以白色为主，部分客房通过不同色彩的墙面涂料来界定空间。建筑还保留部分空间的留白处理，用来展示设计师的艺术作品。以艺术品与陈设来界定空间的性质，软化空间的硬度。这方面的设计原则为“白”。最后，在景观上对原空间进行梳理，在保持原有格局的基础上整合，设置了设计师个人的艺术装置与石雕作品。这方面的设计原则为“简”。

本案的设计宗旨可概括为“藏、朴、白、简”几方面，这并不是设计师为了强调空间的纯净而刻意为之。而是在分析了场地、建筑、周边环境下，结合使用者的心态与诉求后得出的合理结论。“藏、朴、白、简”的设计宗旨既是项目调性的清醒定位，也是对使用者修养的合理尊重。为使用者提供尽可能多的体验与感受，是设计师对使用者的尊重。

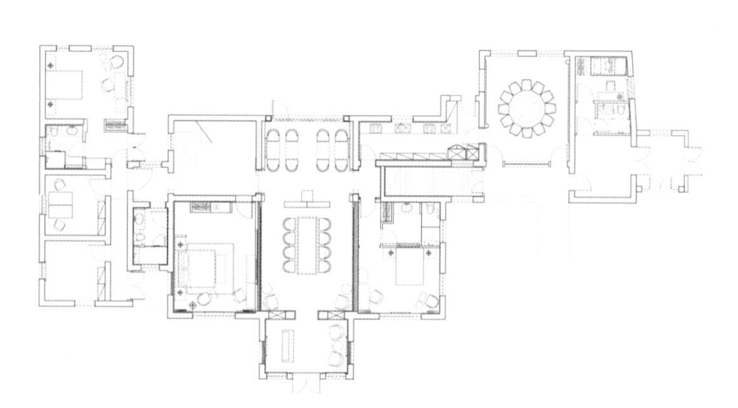

1F 平面图

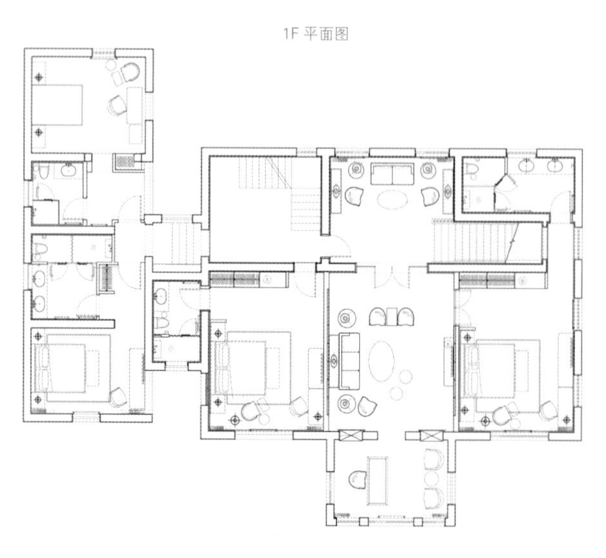

2F 平面图

1. 入口古朴的气息
2. 门厅过渡内外空间
3. 绿色点亮了白色茶空间

1. 老窗格与现代家具的对立
2. 楼梯下的老家具
3. 中餐厅的青灰色砖墙
4. 精致的阁楼客房
5. 色彩限定客房区域

水塝院子民宿酒店

设计单位：河南航港装饰设计工程有限公司
设　　计：卢敏卿
参与设计：李金亮、杨璐冰
软装设计：河南悦来悦色艺术设计有限公司
面　　积：1800 平方米
主要材料：灰泥、桐木、当地石材和老砖、木地板、自流平地面
坐落地点：河南信阳
完工时间：2019 年 12 月
摄　　影：卢敏卿

1. 几何式分布的建筑形态
2. 空间错落有致相互映衬
3. 空间重新组织清淡有力

院子前身是一所荒废的农村小学，依山而建，呈阶梯式分布。根据现有的场地环境条件，保留了原有的校舍房屋。交通流线因条件所限，保持原有主入口，新开一条后勤通道。依地形高低，由上而下确定上、中、下三个场所。最上面的瓦房做为后勤设施用房，设厨房、小餐厅、库房、卫生间等，增建早餐厅、小型多功能厅，满足餐饮活动等。后院重新规划景观，曲径通幽，或开放，或遮挡，穿插有序，饶有趣味。

中间场地左右两排平房改建成为带独立式卫浴客房，空调地暖网络一应具全。自然灰泥涂抹的室内空间，环保是首要，流露出的是原始的天真，带来体验的是浓浓的随意放松。依托原平房结构嫁接二层小楼，巧妙融合一体。立面层次前后穿插，高低错落，化解了小平房单调乏味的结构形态，并强化了地形上的特点，提升了场所精神。二层阁楼的客房，拥有享受日光和自然风的露天平台，更成为宾客足不出户便欣赏大自然美景的最佳去处。平房前面不大的一块场地和下面的操场落差高达两米，石头砌成的老石岸别有风情。

下面的操场重新规划了入口、残疾人通道、后勤通道等交通流线。采取主通道下沉式庭院组织交通，两侧保留操场地形铺装草坪，增加植被。利用村里老房屋拆下的旧砖围合而成的下沉庭院，再次强化了中轴线的地形特征。老石、老砖、老瓦、老木，满满都是回忆。原住民感到熟悉又新鲜，没有和当地文化割舍，也贴合了外来游客当代的审美需求。

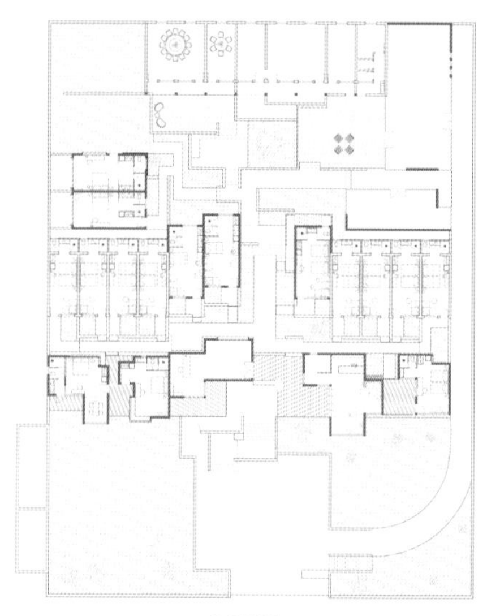

1F 平面图

1|2 4
3 5

1. 光影交错的形体组合
2. 根雕艺术品
3. 自然的草本印记丰富空间表情
4. 落地玻璃窗引入光线
5. 素雅的色调呈现暖暖气氛

七间房乡村度假酒店安吉分店

设计单位：上海善祥建筑设计有限公司
设　　计：王善祥
参与设计：王善辉、龚双艳、李哲、计滨、胡锦涛、黄国峰
面　　积：870 平方米
主要材料：混凝土、钢型材、纸筋灰涂料、小青瓦、木材、竹材、玻璃、石材、水磨石等
坐落地点：浙江安吉
完工时间：2019 年 1 月
摄　　影：熊伟、Isaac Zhang、王善祥

山川乡居

这是位于浙江安吉县山川乡的山村里的一家店，取名“山川乡居”，项目用地是村里兄弟二人的宅基地，原有旧宅面积和质量无法满足酒店的使用，拆除之后进行了重建，内容包括建筑、室内和景观的一体化设计。建筑背后是约 7、8 米高的陡坡，在与陡坡保持合适距离的情况下前面庭院尽量留大，与宅前村路的距离也会远一点、静一点。

设计师认为好的建筑空间应该是“中看也中用”。空间共规划了大小不同的 11 间客房，从底层开始，包括入口客厅、餐厅、开放式厨房、吧台、咖啡阅览室，2 间带有竹篱小院的客房，二层有 5 间客房，三层有 4 间客房和一间茶室。施工期间业主又在楼顶增加了一间小的阁楼作为个人打坐的小禅修室。建筑后山坡上有一棵据说是安吉县最大的红豆杉树，高度约十几米，设计了一个钢制天桥从三楼后廊直接走到大树下的平台，从一楼后院也做了台阶折绕而上，与建筑融为一体，在树荫下小憩情趣盎然。建筑外观和室内采用了竹子这一安吉重要的元素作为装饰，恰到好处，是项目里用的最多的装饰。本项目的空间格局就是在钢筋混凝土结构特性的基础上划分，平面布局简单明了，仅在局部空间稍作错落形成一些变化。建筑立面是一个长方体块为主，横向的阳台及局部廊檐断续形成了凹凸关系。

虽然建设过程不算很顺利，但是建筑、室内和景观三者一体化的设计保证了项目一气呵成的整体气氛，在设计期间建筑、室内及景观同时构思，不分内外。设计是一门惊喜与遗憾并存的艺术，那生活又何尝不是一门精彩与遗憾并存的艺术呢！

1. 建筑、景观和室内的一体化呈现
2. 前院内外风景的串联
3. 客餐厅的竹工艺装饰
4. 透明廊道

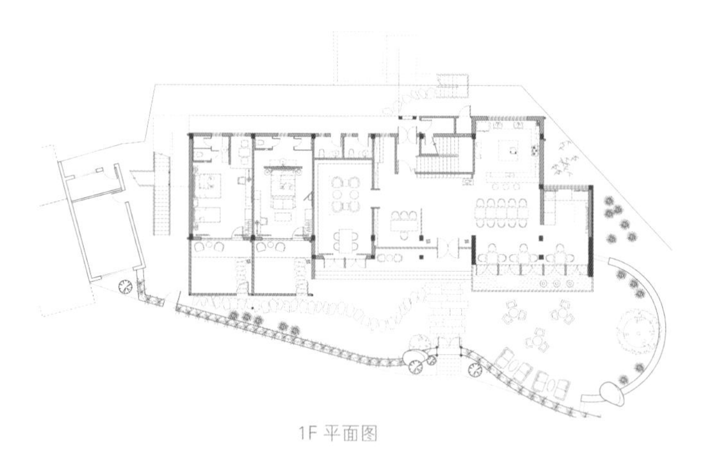

1F 平面图

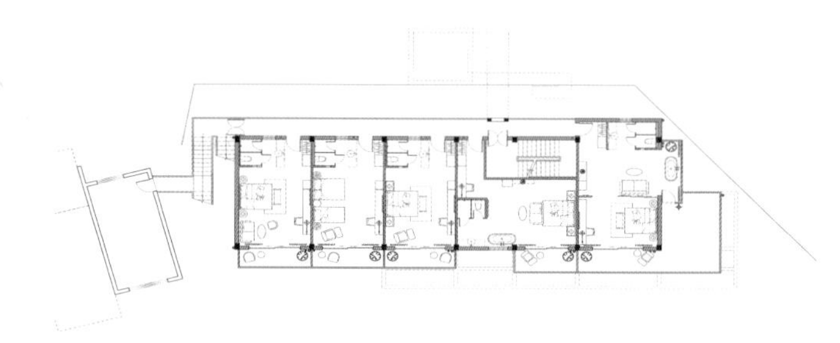

2F 平面图

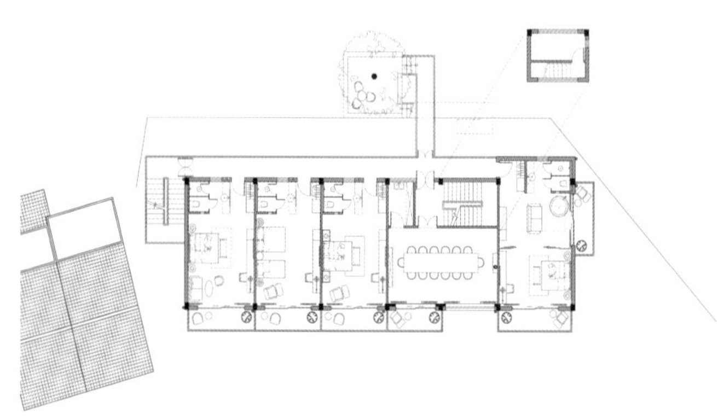

3F 平面图

1|3
2|4

1. 接待空间
2. 古典家具与材质的对比
3. 不规则的窗框借景为装饰
4. 清香雅致的茶室

原乡芦茨

设计单位：杭州观堂设计
设　　计：张健
参与设计：三三、黄程晨
植物布置：去野是・二旦植物工作室
面　　积：550 平米
主要材料：水泥砖、木材、硅藻泥、鹅卵石
坐落地点：浙江杭州
完工时间：2019 年 6 月
摄　　影：刘宇杰

1. 傍着半山腰的房子
2. 大厅接待与洽谈区
3.LOGO 形象
4. 白色主调与裸顶的水泥天花

原乡芦茨坐落在山水间，融于自然，柔且润，空间里也大多以圆润呈现，比如通道、门拱、吧台以及细微处的点滴。设计上最终实现了业主的精神家园，这里保留了乡村最原始的样式：白墙黑瓦、鹅卵石青苔、柴火、农家菜……原乡芦茨的 logo 设计从汉字“乡”字中提取元素，融入山山水水的倒影，远看又恰似山野间席地而坐的人物，正是业主心中的“山野村夫”形象。早年间的乡村喜欢就地取材，从山上找些大石块来，拾掇拾掇砌成围墙。原乡芦茨也想保留这些，特意从村里请来老师傅，先从一堆堆石材中选型，然后一块块搭配，再采用古老的干砌法，水泥不外露、不用水平仪，纯手艺活儿。

大厅是最令人放松的公共空间，书柜上有王小波的《我的精神家园》，置物架上有设计师喜爱的气炉灯具，干燥的柴火整整齐齐码在墙角。冬天，壁炉里燃起跳跃的火焰，夏天，裸顶的水泥天花上木扇慢悠悠的摇晃。民宿一共九间房，按壹、贰、叁数字简单取名。每间房在建造中都外挑设置了露台，从落地玻璃窗推出门站在露台上远眺，可以望见芦茨湾上的青山绿水。房间内采用留白手法将空间处理干净，水泥裸顶，墙面刷白，铺设木地板，在原乡可以看见贯彻到底的设计语言表达。傍着半山腰的院子里特意设计了泳池，面积不大，水不深，几阶台阶缓缓探入水中，白墙黑瓦边一汪碧水，非常适合夏日里客人们的嬉戏玩耍。

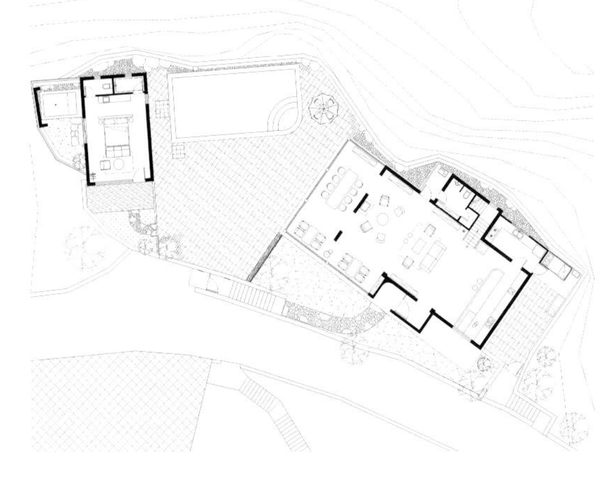

1F 平面图

玖

1|2 5
3|4 6

1. 楼梯下的浴室
2. 公共休闲空间
3. 走廊门洞
4. 标识细节
5. 留白的空间处理手法
6. 阁楼下的客房

西塘 næra 良壤酒店

场地设计：琚宾、李以靠、庄镇光、朱树磊
室内设计：琚宾 | 水平线设计
建筑设计：李以靠 | 以靠建筑
景观设计：庄镇光 | 太璞设计
艺术顾问：丁乙
灯光顾问：Albert Martin Klaasen | Klaasen Lighting Design
花　　艺：上野雄次
面　　积：40,000 平方米
主要材料：玻璃、木质格栅、涂料、老青瓦、水磨石、木饰面、竹编
坐落地点：浙江嘉善
完工时间：2019 年 8 月
摄　　影：井旭峰

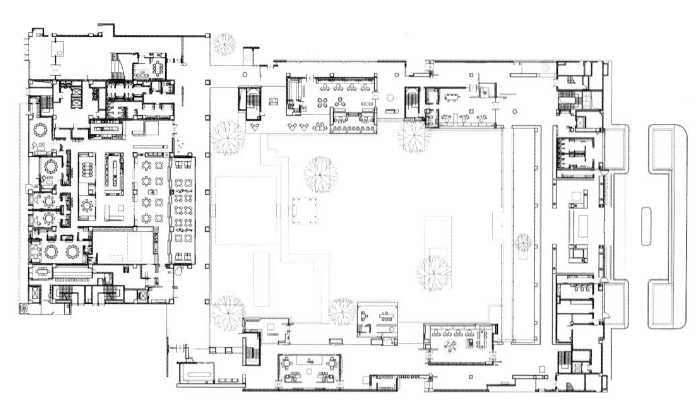

游园平面图

建筑外形符合当地要求的江南风貌，与整个西塘古镇相呼应。在内部场地中有五个深色盒子，不同长度地坐落在水边，与室内、景观相统一，于建筑主体中分离，自成体系，形成了一种具有当代感的视线关系，并与古亭间形成轻微的视觉上的对抗。与此同时也界限出了"游园"的路径以及动线，包括光的进入、变化模式。彼此相望，独立存在，又相互映衬。

水景的距离是恰到好处的，虽浅，但仍有种宏大且浑然一体的体验。风皱时反而更有种时光凝聚感，恍然间不知道身处何方，只觉得江南以及江南本身所代表的一切美好属性都在意象中待感知、待触碰，又或者什么都不去想，只在日光翻起的白边上，眯了眯眼，笑了笑。

未来会随时光老去的原木色亭应该会是酒店里最恒定的观察记录者，如果有延时摄影，可以看到天色在变云在变，水波在动人在动，唯亭是静止的，是风景本身，又承载人情。将传统建筑与当代生活榫接在一起，古今碰撞的同时，又呼应了地域感。在此处上演过不止一次的"游园惊梦"，亭是载体，又是主角本身。

"良壤"应该是呈现最多当代艺术的酒店之一，是三十五位艺术家原作的最佳承载处。每一处的陈设艺术品，都有着各自的生命，在"良壤"中盛开绽放着。所有艺术品在契合酒店的同时并散发着各自气场与魅力外，也体现着一部分人群的审美以及想营造的心境，还代表着此时此刻这个时代审美所凝练所积淀出的独特力量。

"良壤"不仅仅是酒店，还包含着两千亩地的有机生态农庄，是致力于农业、加工、零售餐饮再到文化的整体事业模式。而有机，本身就是一种包含衣食住行的生活美学方式。

1. 朦胧的映像呼应着西塘古镇
2. 传统与现代的对望

1. 倚水而歇的水亭
2. 长卷打开的茶室
3. 入口灰空间
4. 廊道

1 | 2 | 4
3 | | 5

1. 空间节点过渡
2. 装饰细节
3. 住客的记忆点
4. 面向庭园的书吧
5. 游泳中心

1 | 3
2 | 4

1. 大场景
2.
3.
4.

既下山・重庆

设计单位：尚壹扬设计
设　　计：谢柯、支鸿鑫、许开庆、邓磊、刘凤、叶明琛
软装设计：郑亚佳、洪弘、吴思羽
面　　积：约 1,300 平方米
主要材料：质感涂料、做旧石材、实木复合地板、实木
坐落地点：重庆
完工时间：2019 年 7 月
摄　　影：石梓峰、杨轻轻

既下山・重庆酒店坐落于重庆南滨路龙门浩老街的最高点，对望湖广会馆、洪崖洞、渝中半岛等重庆地标，近可观东水门大桥、过江索道。酒店由新华银行旧址及美国使馆武官别墅旧址两栋区级文保建筑组成，另一栋龙门浩 9 号楼为按旧图纸、使用旧砖瓦修建的三层建筑，两组建筑中为景区公区通道。

因对文保建筑的要求，设计师旨在有限的改造尺度中，完成对重庆性格的叙述，并跳脱出建筑的民国时代印痕，呈现更为当代化的酒店体验。看似“未经改造”的状态，实则是花费了大量工夫，修复加固结构以使得空间好用。因空间有限，所以在平面规划上也竭尽所能，希望酒店有合理的平效，同时又有舒展的气质。

9 号楼有着独立的入口和庭院，一楼设置了小小的 Lobby，公区则保持宽阔尺度；美国武官别墅旧址有较高的空间感，酒店尺度最好的房间也在这栋建筑里；新华信托银行旧址一层则承载了酒店酒吧和餐厅的功能。

两栋旧楼之间几株老黄葛树荫庇着宽阔的院子。院子的打造也是节制的，青砖铺地，植物则选绿色和白色的搭配，前院依着中国院落的规则尽量空着，给客人充足的活动空间，院子可眺望东水门大桥，是下午茶的佳地，也有可以做活动的宽阔尺度。后院的一塘水映着天光，绿植充盈，是一处可休憩的隐秘花园。

谢柯将酒店的 16 间客房打造成一位世界文化旅者在重庆的驿站。浅灰调成为空间中的主色调，并搭配实木、黄铜来抽象地呈现民国记忆的历史感，而非具象化地重构与再叙述。在科技智能化甚嚣尘上的今天，谢柯在酒店设计中一反科技的过度使用，无过多智能化控制，的用手拉窗帘替代自动窗帘，并加厚内墙纵深，以加强窗框的深度，为空间中的使用者塑造更强烈的空间浸入感。

既下山・重庆呈现了文化精英品味的设计论调，同时打造了东方精品酒店的独有特质：一种在酒店、公馆及家之外的第四种状态。

1 | 2
1. 民国时代印痕的延续
2. 独立的入口

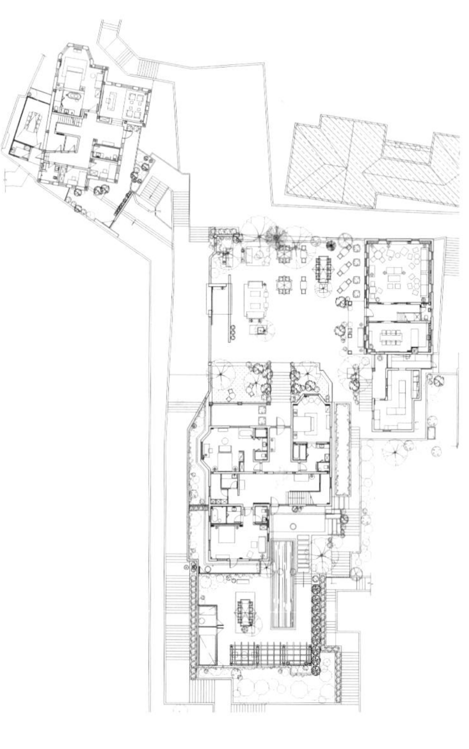

总平面图

1. 休闲空间
2. 陈设美学一角
3. 深色调的家具与木色的空间
4. 客房的仪式感
5. 洽谈区域
6. 细节的打造

隐居武康路·精品酒店

设计单位：内建筑设计事务所
面　积：2800 平方米

这座始建于1918的英式别墅里，曾居住着国内外享有盛誉的著名思想家、文艺理论家——王元化。隐居酒店·上海武康路店，以高度还原的老建筑复刻岁月的痕迹：红砖经过撞击、时间冲刷后遗留的弧面和自然肌理，遗存的老窗、老楼梯，淋漓了时间的质感。平面对称的老建筑，设计师将两侧开放空间分为一黑一白两部分：左侧是白调空间的明亮，通向餐厅的方向；右侧是黑调，相对私密的空间。二者的统一，以蓝绿、粉红的粉调，在黑白之间游离，形成对撞。

20间各具匠心的客房，无一复制。客房内部的改造，保持原有结构不变，在老建筑的客房部分新增嵌入卫浴空间，为解决同层排水走线，将地面抬高，做了一系列非常规的高差变化。一些不可规避的结构，或有狭窄的小门，或者是通向顶层的楼梯上可能需要弯腰躲避的低梁，反而成了老房的玩味。

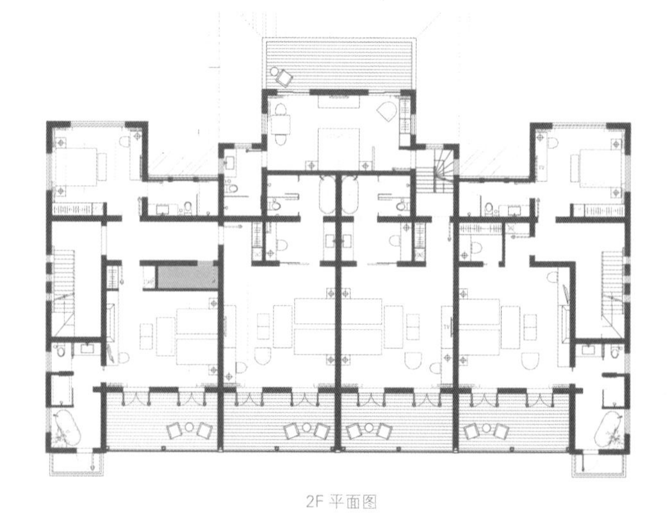

2F 平面图

3F 平面图

1. 老窗淋漓了时间的质感
2. 老上海“海派”风格的延续
3. 汲取中国古典风灯的灵感

1. 交流空间
2. 黄铜质感的金属元素贯穿始末
3. 专属定制家具
4. 餐饮空间
5. 现代的审美与舒适体验
6. 不同材质肌理的碰撞

北京世园凯悦酒店

设计单位：CL3 思联建筑设计
设　　计：林伟而、温静仪、李文蔚、周婕、朱坚、陶健华、何宗融、蔡明铭、吴焯谦
面　　积：15,625 平方米
坐落地点：北京
完工时间：2019 年 4 月
摄　　影：本末堂

绿色生活 融入自然

北京世园凯悦酒店的整体设计，取之自然，用它自有的山峦、河流、湖泊、禽鸟和花卉元素营造出绿色怡然的起居氛围与情景体验。

酒店大堂以八达岭长城及山峦为底蕴。大堂两侧的墙面、接待台后的主题背景均采用山岭造型，层峦起伏、绵延无尽，勾勒出山影叠嶂，从室外延展至室内。用现代风格的设计手法，配合建筑屋脊的上升方向增加了三个层次，并配合灯带，使得整体空间更加高耸大气。大堂吧的斜屋脊由大堂空间延展而下，形成更舒适的休闲、静坐空间。

阅览室的温暖木质全高书架也以冰雪运动相关的书籍、饰品点缀，阅读桌上的吊灯就像晶莹飞溅起的雪花。唯一的开放楼梯，连接会议区与宴会区，既承担了重要交通的功能，同时也是此交通枢纽处的焦点造型；如艺术品般宛若实木雕刻而成，却又予人轻盈之感，灵动蜿蜒、穿插迂回。

全日餐区使用米白色大理石、浅色木饰，清新明亮，配合软装活泼的色彩，温馨的氛围，营造舒适的就餐环境；餐厅整体使人如置身花的海洋，四季如沐春风，温暖愉悦。中餐区入口一侧的墙面是传统屋顶的灰瓦，大理石基底的地面上镶嵌着马赛克仿彩绘的花鸟图案，好一个迎客的温馨院落。“尚”是行政酒廊的主题，时尚而精致。天然色彩的实木地板、木纹大理石奠定了优雅柔和的基调。木色斜梁造型装饰了结构的斜屋顶，使空间的层次感丰富起来。家具、灯具风格时尚，充满活力；现代感的艺术品与镶嵌地毯的图案，共同营造出整体酒店的主题“绿色生活”。

客房设计旨在令住客“回归自然”。客房层走道地毯图案的设计灵感源自康西草原，使人如踏上青青绿草地；客房门口的小鸟灯，似在跳跃着迎接宾客的到来。房间内的主色调以米色、咖色的大地色为主，配以深深浅浅的绿色。木色的地板、墙面柜体、家具、绳编或木框的野趣灯具，令房间内温馨趣致。

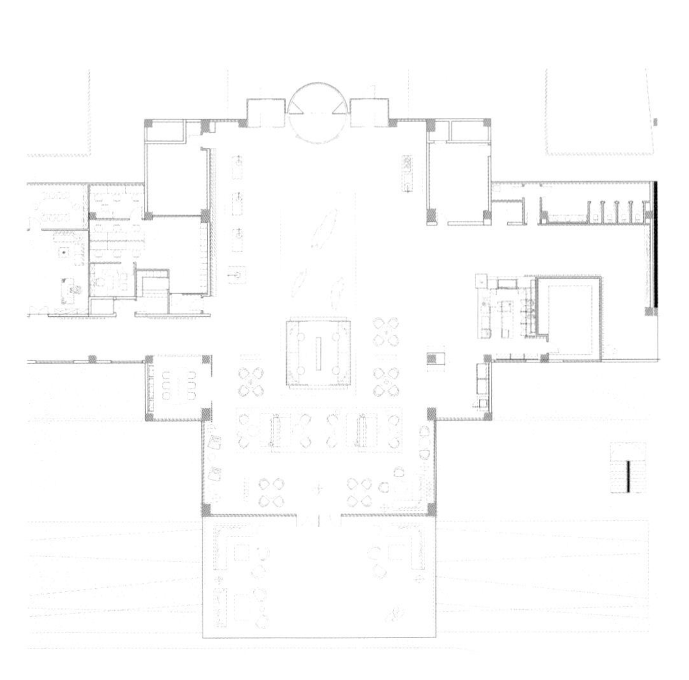

平面图

1 | 2 / 3

1. 层峦起伏勾勒出山影叠嶂
2. 延展而下的斜屋脊
3. 大堂吧一角

1. 楼梯细节
2. 独特的墙面肌理与装饰
3. 曲线与直线的和谐
4. 大地色为主色调的客房

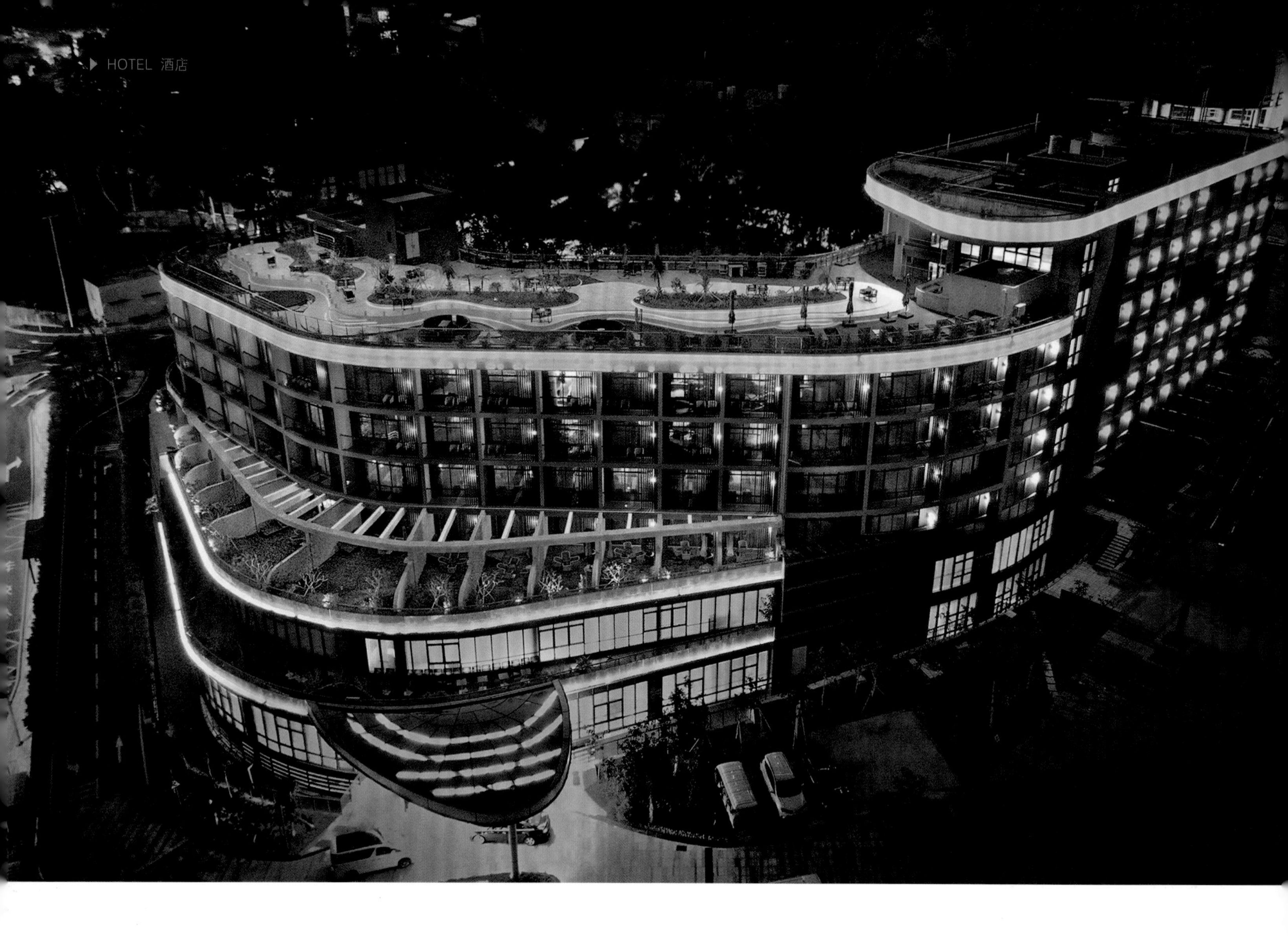

深圳大梅沙 CZD HOTEL 海滨酒店

设计单位：CROX 阔合
设　　计：林琮然
参与设计：李本涛、姚生、陆诩涵、马宇虹、俞梦蝶、罗晋平、陈瑜、王琼
面　　积：16,394 平方米
主要材料：铜管、亚克力、GRG、水磨石、深色木饰面、PVC 编织地毯、铝格栅
坐落地点：广东深圳
完工时间：2019 年 4 月
摄　　影：王基守（BLAKE）、ZOOM 琢墨建筑摄影

酒店即是大海

CZD HOTEL 海滨酒店位于三面环山一面靠海的海岸线上，建筑与山坡融为一体，景观与环境相互契合。设计以海为题，运用前卫自然的手法，勾勒出现代都市人在渡假时的内心语境与情怀。设计团队认为 CZD HOTEL 的设计重点不是材料的贵重与华丽空间，而是冒险与惊喜，这样才能塑造出“活着”的状态。

公共空间以海浪为概念，完美调合大堂、酒吧、餐厅等功能场所，创造出一种多层次的柔和美学与凝固的动态景色。波浪式弧形的墙体、往上连结成为天花并配合洋流造型管，将大海的韵律注入了大堂，营造出自由自在的气氛，让旅途奔波的疲惫在踏入酒店的刹那间消失。

餐厅以同样的线性设计语言呈现自由的造型，开放式的空间体验，让自然光无阻碍的由外而内渗透，呼应建筑的弧形设计。餐厅包房区以流体玻璃分割出休息用餐区域，创造通透明亮的用餐体验。

客房设计雅致风尚，清新的白色为底，配合深海与浅海的两种不同的蓝，勾勒出整体清新雅净的氛围。房间的地面分割走向为波浪形状，与大露台外的海景和谐共鸣，这是独属滨海酒店的入住体验。

顶层露天平台将水纹、旋涡等意向具化为大大小小的弧形，随意摆放的户外家具、环绕的绿植、洗石子与水池相间的配置，模糊了前方的海岸边界，让人由平日的忙碌过渡到渡假的闲适状态。

旅行的乐趣，在于感受不同的世界，CROX 阔合通过对大海的观察与演绎，创造出独特的设计，因地制宜地为 CZD HOTEL 开启了叙事性格局，让来往的人们感受时空的轻盈与流动。入住此处，即拥抱了整片大海。

1. 建筑外观与屋顶花园
2. 波浪式弧形墙体
3. 环绕楼梯

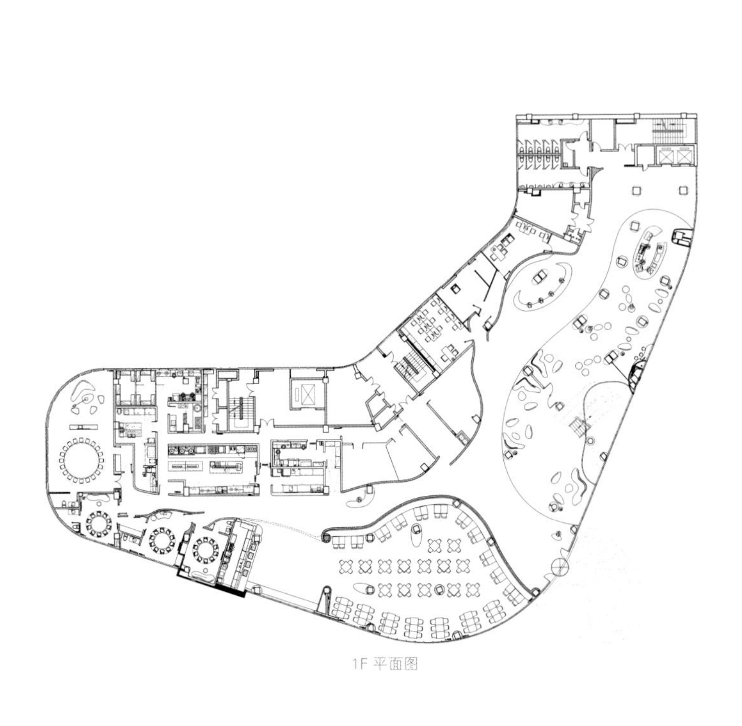

1F 平面图

1 | 3 | 4
2 | 5

1. 凝固的动态空间
2. 流体玻璃分割区域
3. 空间的轻盈与流动
4. 家具点缀空间
5. 白色与深海浅海的蓝色

MeeHotel 觅居酒店

设计单位：PANORAMA Design Group 泛纳设计集团

设　　计：潘鸿彬

参与设计：林颖妍、容思嘉、潘敏霞、蔡明

面　　积：6,200 平方米

坐落地点：广州深圳

完工时间：2020 年 1 月

摄　　影：深圳市广大传媒有限公司、POPO VISION

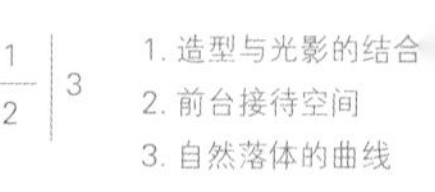

1. 造型与光影的结合
2. 前台接待空间
3. 自然落体的曲线

觅居酒店在深圳给繁忙的商务旅客创造了一个宁静状态的都市休闲空间。项目的地点叫做“竹子林”，所以很自然地就从这个名字来开始设计的故事。

从大堂空间开始，竹子作为主要的材料让每一个顾客进到大堂空间第一眼就看到主题。利用竹编创造接待处及大堂吧的全高屏风，尖顶天花及硅藻泥饰面墙体加以细致的光影效果成为整个空间的灵魂。每两层楼都有围绕着中庭的客房，在空间中创造一个湖面倒影飞舞的竹子装置变成一些自然落体的曲线，就像一些云朵飘在空中的感觉，用自然的函接方法把它可以挂在中庭顶部。 客人在经过它回房间的时候仿佛有着穿过一个竹林的体验。

顶层的 Sky Café 也运用竹子建构了一个禅意及类似教堂的空间，白天让自然光线穿过天窗落在座位区域中间。这个空间有垂吊的圆形 LED 灯光，晚上的时候就自然形成了无尽好像浮在空中发亮的月亮，让客人有一个充满诗意的空间体验。客房床头竹藤的造型跟大堂互相呼应，背后灯槽的光影让它好像浮起来一样，灯光效果让商务客人提供了一个宁静的休息环境及优雅的氛围。

设计师在酒店空间中注入一个文化层面除了为繁忙的大都会里面创造一个更有意义的休闲体验，更希望可以从建筑到室内的层面上弘扬竹子独有的特质，让商务客人能欣赏到传统手工艺的传承和美态，在我们的繁忙都市生活中达致美学、功能及文化层面上的提升。

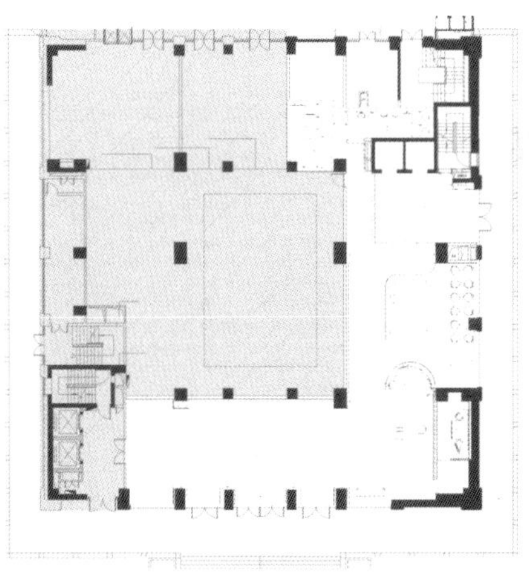

大堂平面图

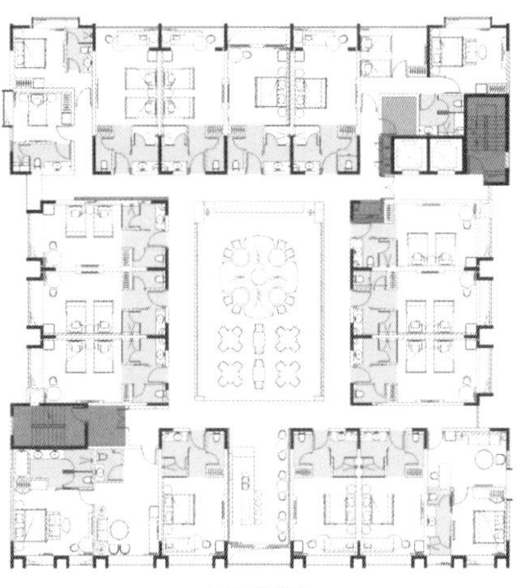

21/22 平面图

1 2 4
3 5

1. 全高屏风细节
2. 诗意的意境场所
3. 过渡空间
4. 竹藤装饰呼应整体
5. 宁静优雅的休息环境

阳朔四季云栖酒店

设计单位：共向设计
软装设计：共向美学
面　　积：6,800 平方米
主要材料：深色花岗岩、夹丝玻璃、木纹铝、黑钢、木纹砖等
坐落地点：广西阳朔
摄　　影：井旭峰

阳朔，十里画廊的风景绝美，水光倒映下，山峦着了一层虚像，随着层次水波荡开，渺然云雾见。如果说山水是心灵的休歇处，那么四季云栖酒店就具象成旅途的休歇处：在层峦叠嶂和弱水三千的环绕间，融于其中，方得其所。

进入酒店，开圆洞的门斗屏风隔出空间，中轴线两侧木饰照应屏风纹样，配合仪式感的陈设，将客人引入大堂。接待台背后的夹丝玻璃上印蚀风景的片段，收拢视线，静谧沉稳。休息区以落地灯标识出场域，矮榻围合成交流空间，点睛之笔全在菱花铜镜。餐厅区的高矮坐具，满足了不同的坐姿，可正式可随意。家具继承了传统家具的线条语言，深木色勾勒框架，软垫增加舒适感。

建筑内庭规划出泳池、汀步、下沉休息区，同样的简洁洗练，摈弃设计中的杂质，一味专注本心的定静。以最少的灯光洗出造型，傍晚水景倒影建筑表皮的空灵，亦实亦虚犹如梦境。多功能厅是品茗倾谈的好去处，窗外风景以当代水墨的方式映照在墙上呈现清雅超脱的意境。

套房家具冲开中轴线的呆板，自由布置在中心地毯上，低矮的坐榻保持低调的形制。黄铜把手拉开入墙的移门，空间得以最大限度敞开，对置两间卧房。敞开窗户，清风拂面逍遥自得。走出门外就可融于自然的风景中，可以体会“非风动，非幡动，仁者心动”的禅机。

室内是栖居的所在，室外是诗意的化境。山水意象融于内心，再通过空间表达出来，这是设计度假酒店的秘笈，心里有山水，才能气象万千。

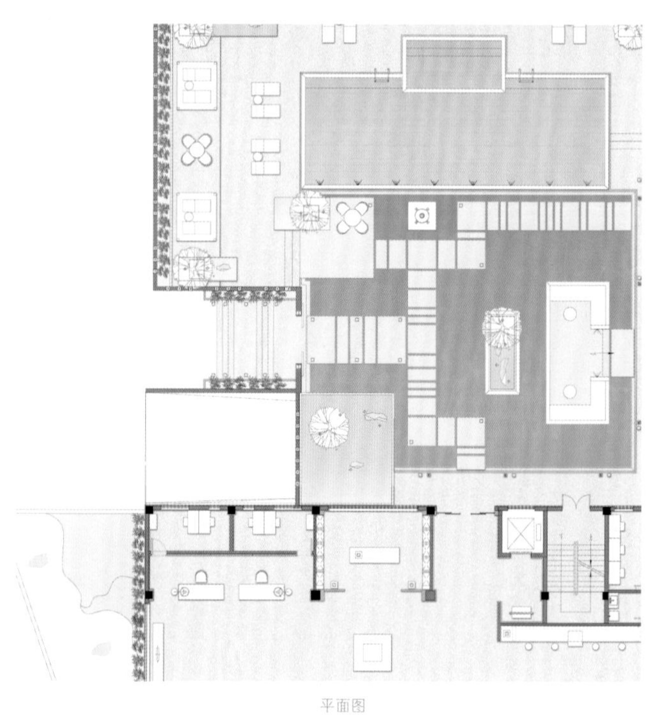

平面图

1. 清风明月山水绕屋
2. 山水一体的下沉休息区
3. 深木色勾勒空间框架

1 | 3
2 | 4

1. 简洁洗练的内庭
2. 亦实亦虚犹如梦境
3. 优质的视野想象
4. 干净雅致的客房

河南济源老兵工酒店

设计单位：微建设计
设　　计：宋微建
参与设计：于万斌、施继、鹿永刚、王静、李安娜
面　　积：一期 2,917 平方米、二期 4,732 平方米
主要材料：建筑原墙（石墙、红砖、青砖）、毛石墙面、黑色亚光扁铁、军绿工字钢等
坐落地点：河南济源
完工时间：2019 年 6 月
摄　　影：潘宇峰、宋微建

老兵工酒店位于河南省济源市思礼镇的一个小山村——郑坪村，由四栋老兵工厂建筑及两栋新建建筑构成，建筑之间由廊道连接，总用地面积 9423 平方米。老厂房是一个时代的印记，是社会发展的历史“证据”，一砖一瓦都向人们诉说着那些年的故事。所以赋予它新生的改造不仅要使其满足功能需求，更应该保持原有的浓厚的历史记忆。

当老厂房、老物件，加上修补的修整的一些做法、材料，放在了一个空间，甚至一个墙面上，让人一目了然的看到时间的痕迹，老的、新的在一个空间里同时出现，造成时间与空间的错觉，这让整个空间有趣味、有味道、有深度。在改造的过程中保留及尊重原始建筑，修复原有老建筑，尽可能保留了原有墙体、固定装置及配件，避免破坏原有材质；修复建筑体现出它原有的年龄，而不是以一栋崭新的建筑来呈现。

改造后的老兵工酒店就由 8 栋建筑及一个洞窟构成，设有大堂、茶室、餐厅、库吧、客房等功能空间；从外部建筑至内部陈设都以老兵工主题设计，独特的居住体验勾起了那代人的回忆……

1 | 2　1. 建筑与自然景观相衬
2. 白色成为空间的指导者

7120
7119

1. 新旧建筑的在地化表现
2. 醒目的客房通道
3. 济源老兵工酒店
4. 客房
5. 旧背景与新家具

南京凯宾斯基酒店

设计单位：YANG 设计集团
设　　计：杨邦胜
参与设计：陈岸云、田帅、蔡臣耿
面　　积：36,666 平方米
坐落地点：江苏南京
完工时间：2019 年 10 月
摄　　影：肖恩

南京凯宾斯基酒店，坐落于“中世纪世界上最大的宫殿建筑群”明皇宫遗址旁，YANG 设计以此为灵感，围绕“明皇朝”故事展开设计，以恢宏的空间叙事，重溯 600 年前的古中国文明，也让南京短暂而辉煌的明代历史，不随时间逝去而被遗忘，赋予酒店独特的文化记忆点与核心竞争力。

空间设计融入明皇朝具有代表性的“明皇宫”“江南贡院”“秦淮夜景”“金陵酒肆”等文化主题，并非简单的复制与还原历史，而是通过现代设计手法，将皇朝、皇宫文化的繁复化为简约，使空间既成为历史的缩影，又满足现代审美居住需求，完美结合本土民族文化与国际品牌特色。

设计主要的难点在于大堂，大堂空间的东西走向与全玻璃结构幕墙的结合，导致了日间光照强烈直射室内问题。为削弱空间光感与明亮度，天花设计没有使用传统的白色涂料，而以深色金属材质，进行空间色调压深处理；总台处则放置了由双层金属重叠而成的镂空艺术屏风，既弱化直射人脸的光线，又增强空间氛围，一举两得。

酒店动线设计上，YANG 结合建筑商业综合体性质，从后期运营出发，将公区与客房进行分离，大堂、客房规划在高层，乘坐专属电梯抵达，提供更尊贵、私密的入住体验，宴会厅、餐厅等设置在一楼，方便服务酒店客群的同时，还能覆盖周边商业客群，而大堂吧、会议室、酒吧等相邻空间，则使其共用一套备餐系统，既提高公区空间的利用率，又实现酒店收益最大化。

1. 独特的历史空间记忆
2. 恢宏的场所叙事感
3. 艺术装饰点亮环境

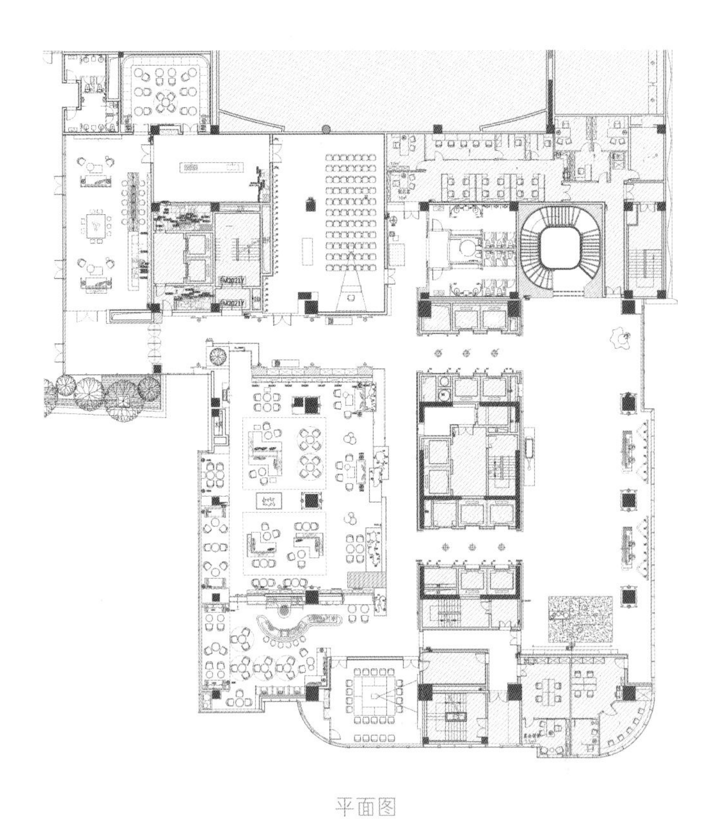

平面图

1	3
2	4

1. 化繁为简的餐饮体验
2. 压深处理空间色调
3. 休闲一角
4. 尊贵私密的入住体验

南京夜泊秦淮南都会酒店

设计单位：集美组机构
面　　积：10,000 平方米
主要材料：金砖、高温釉下彩艺术瓷板、铜板腐蚀金属、冰裂纹马赛克、艺术夹丝玻璃等
坐落地点：江苏南京
摄　　影：Simon

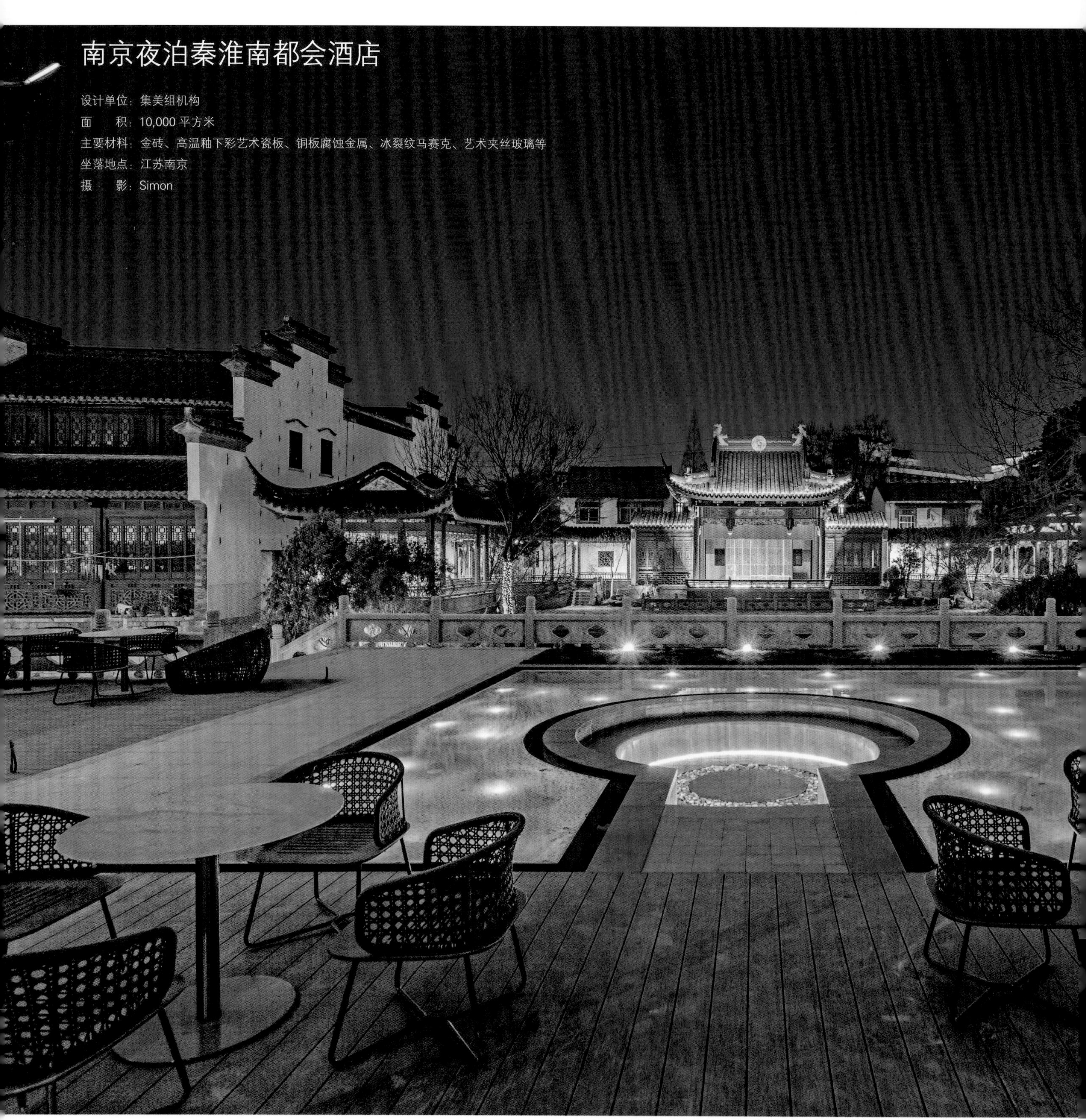

1. 建筑与景观的设计重构

悦秦淮，是我们酒店的待客之道，我们希望所有的来客，享受于此，乐在其中，带笑而来，携悦而归。酒店区域内共有 8 栋建筑单体，给每一栋建筑单体重新赋予了功能规划。秉承尊从现状，新旧结合的设计原则去做建筑与景观的设计重构。

通过“点、线、面”的系统设计处理，梳理出以河为主线、码头为亮点、戏台与户外游泳池形成中心景观面的全新酒店区域架构。并将近街的内院打造为一层楼客房的内庭院，形成“上观水，下观园”的客房景致，意喻打造出南都繁绘图的盛世风貌。

“秦淮礼遇、邂逅佳宴、初见书房、贤聚雅汇、茗汇力阁、怡情雅苑、妙体玉堂、艺韵留芳、搭悦行当、怡然泊舍”等情感空间，结合了琴、棋、书、画、乐（民间艺术）等东方元素，营造出别样的酒店功能空间，既绘声、又绘色。置身其中，仿佛走进了《南都繁会图》里，触摸到秦淮古都的文化灵魂。

定义淡泊为酒店设计的核心灵魂，意喻“藏”，大隐于市、气藏于舍。文化、哲学、艺术是东方意识形态的载体，而南京夜泊秦淮南都会酒店的空间意韵，亦是这座古都的气韵载体。酒店空间的一切，根植于秦淮本土文化，是一次全新的酒店体验，依水而居、临岸听桨，枕水入眠……

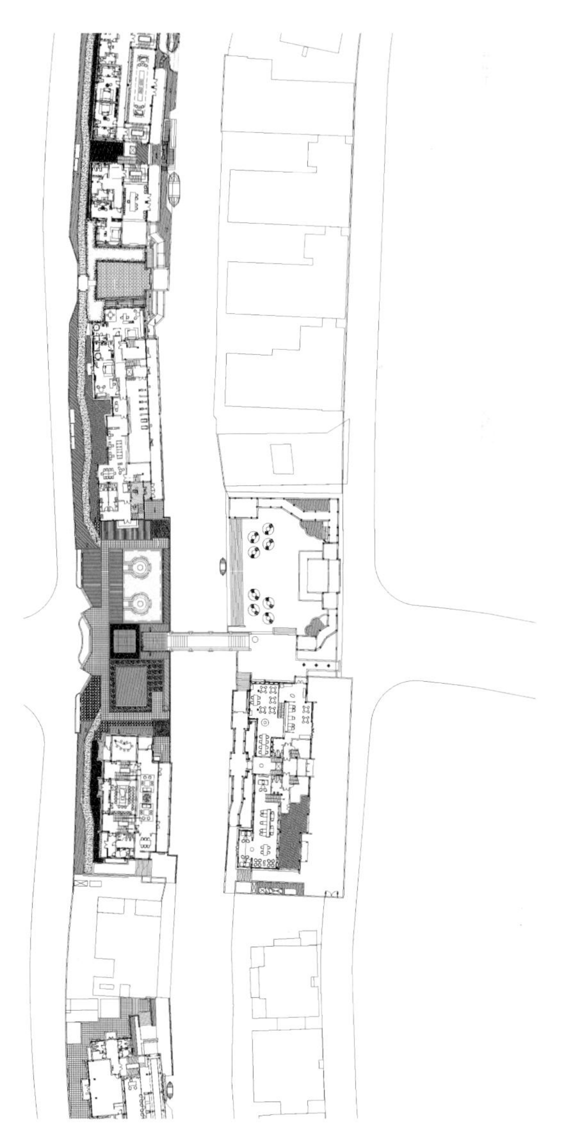

平面图

1. 绘声绘色的休闲空间
2. 朦胧下的真实
3. 虚实幻景
4. 东方元素的汇集
5. 上观水下观园的居住体验

大理海纳尔云墅

设计单位：文格空间设计（深圳）有限公司
设　　计：林文格
参与设计：祝东红、李长宁、周习文
面　　积：1,800 平方米
坐落地点：云南大理
完工时间：2019 年 4 月

1 | 2　1. 尊享一座山 卧享一座海
2. 飘浮于天地之间

白族语中，“海纳尔”意为“蓝蓝的天，白白的云”。酒店依偎着苍山十九峰，以现代设计手法，运用缅甸柚木营造的酒店入口宛如南诏私宅府邸。推开大门，将洱海与大理白族村落尽收眼底；凭栏眺望，是一片无尽的“风花雪月”。

八栋别墅合院，如自家庭院居住小憩般自然放松，新中式设计风格呈现浓郁的现代时尚气息。以“雅、茗、趣、隐”为主题设计理念，给人以宁静致远的空间体验。全透明的悬挑式泳池是酒店的亮点，采用 360° 全景设计，构架全景视野。仿佛一面镜子收入大理最曼妙的流云，感觉就像是飘浮在天地之间，又像是洱海的一种微妙延续，将视线送出远方。

酒店客房内宽大的阳台，可以俯瞰碧波旖旎的洱海全景，抑或绿草如茵的高尔夫球场；在夜晚，亦可躺在浴缸里仰望苍穹，看流星划过，或步入阳台，静听山谷松涛阵阵，也不失为一场自然而独特的视听盛宴。每一个细节的明暗对比，每一处转角的灯光运用，随手取阅的艺术书籍，24 小时贴心管家式服务……这里不是家，却处处有着“家”的温度。

如果说大理像一个隐藏在西南一隅的大家闺秀，那么“海纳尔”便是藏在这美丽姑娘眉黛处的一颗美人痣，任四季表情如何变幻，它的瑰丽总能在一回眸的瞬间，恰如其分地点燃你的记忆。

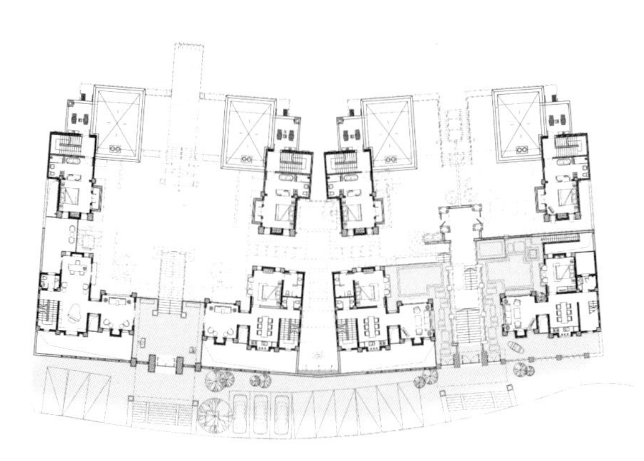

1F 平面图

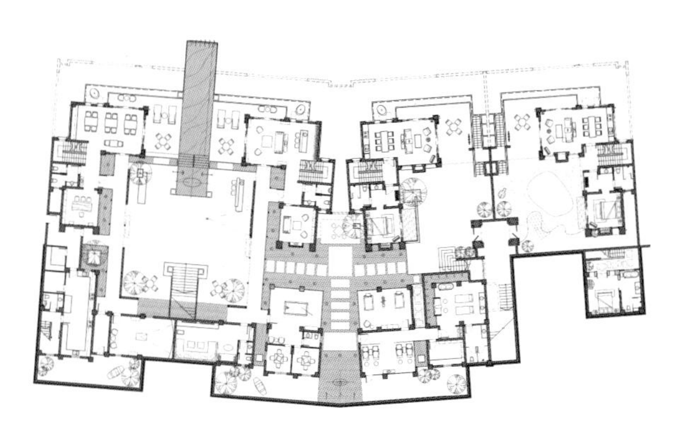

B1 平面图

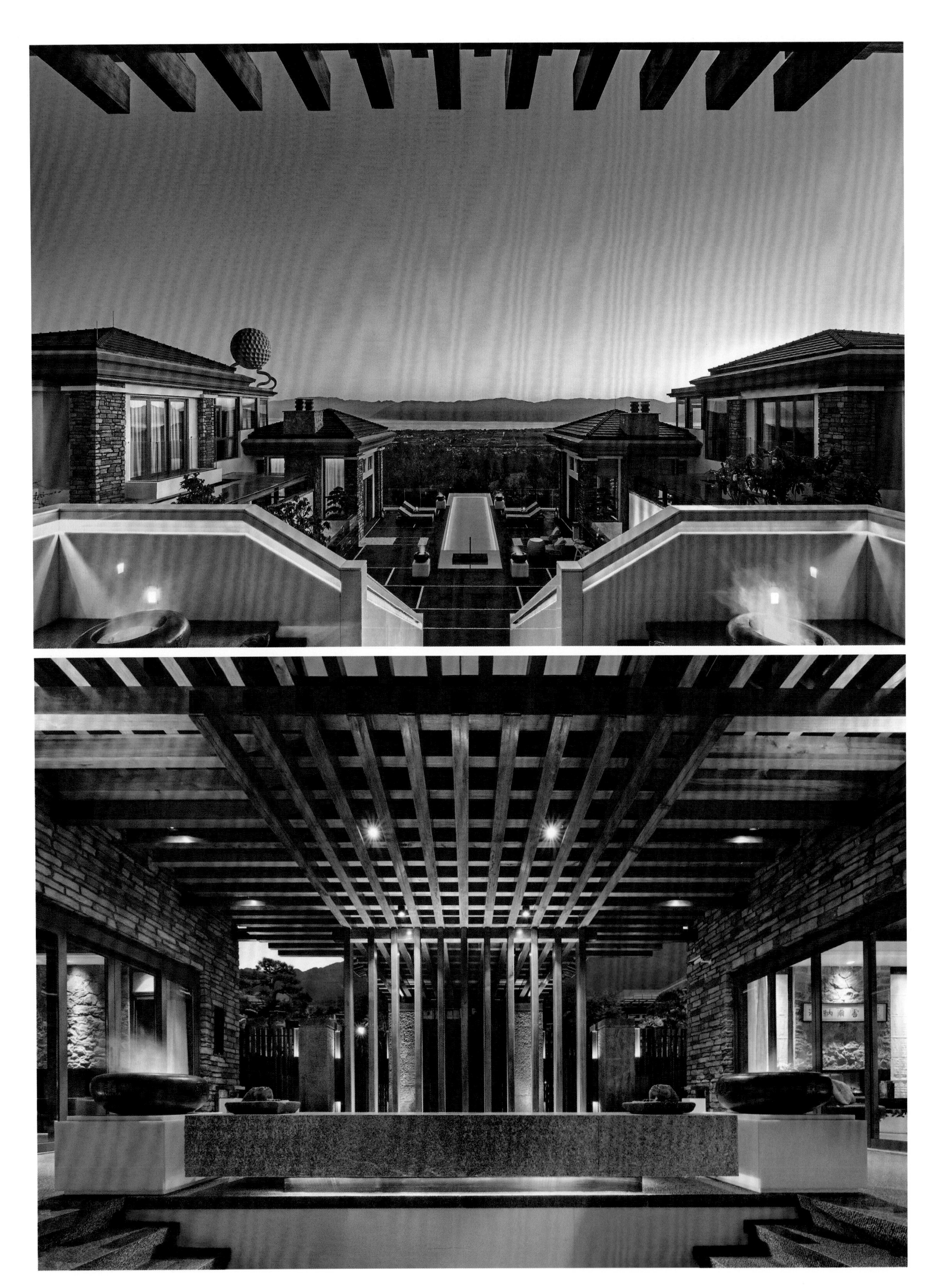

1 | 3
2 | 4 | 5

1. 洱海与村落尽收眼底
2. 入口宛如南诏私宅
3. 客房内的光影
4. 云间乡野的隐奢
5. 园林局部

MANSIONS 幔山酒店

设计单位：简璞设计
设　　计：文超
参与设计：曾薇薇
面　　积：800 平方米
坐落地点：重庆
完工时间：2019 年 1 月
摄　　影：IN SPACE、纳信

摩登工厂

MANSIONS 幔山酒店位于重庆市江北区观音桥片区，这里是重庆本地年轻人最爱出没的地方，当然，这里也同样吸引着来自外地的年轻旅游观光客；但江北区作为重庆的新城区域，并不完全像一个记忆或影像里所熟悉的重庆样子。它更加现代，也更加平坦，高楼林立，虽然仍然烟火，但也呈现出了另一番景象。

每个人对于重庆而言，可能都会有着自己的解读。但在设计师的记忆中，重庆是一座巨大的工厂，那时有着随处可见的高大厂房与机械设备。这种记忆是美妙的，甚至是奇幻的状态，您甚至可以幻想一下，一座布满工厂的山城，是怎样一处 4D 魔幻的景象。

甚至可以联想到卓别林的《摩登时代》，从某种深层意义上来讲，卓别林在 20 世纪 30 年代通过电影所要表达的深意不正是我们现在所处的真实状态吗？只是工厂不断被推倒，黑白影像也早已不复存在，随之而来的是高楼林立，与看似丰满的五光十色，这便是当下的摩登，也是如今大多数城市的繁荣表象。

1 | 2　1. 摩登化的接待空间
2. 光影交织的过道

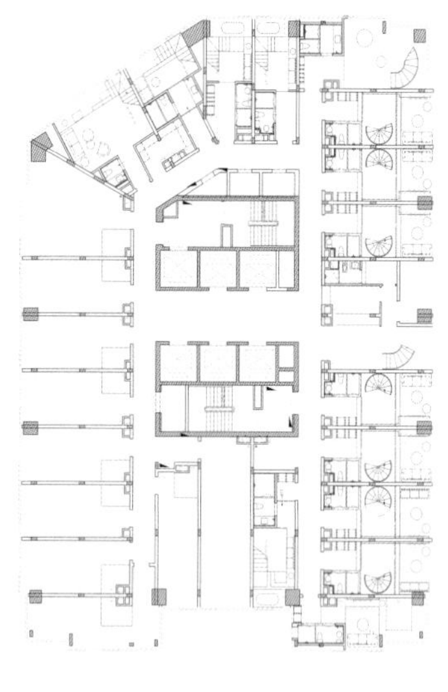

1F 平面图

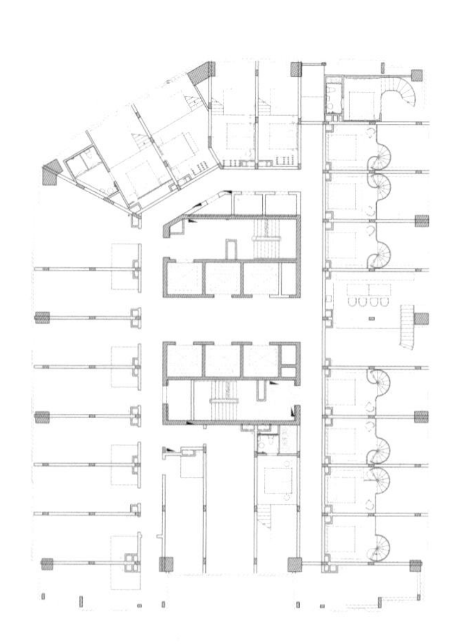

2F 平面图

1	3
2	4

1. 舒适的居住体验
2. 暗红色的艺术涂料装饰
3. 特色的工厂符号
4. 黑白对比鲜明

MANSIONS

古食初味餐厅

设计单位：设谷空间设计有限公司
设　　计：谢银秋、龚海明
参与设计：黄丽君、徐岩岩、倪亚楠、季瑜斐、李海冉
照明设计：杭州乐翰照明工程有限公司
面　　积：488 平方米
坐落地点：浙江东阳
完工时间：2019 年 12 月
摄　　影：叶松

古食初味餐厅项目以建筑空间和艺术形体为骨架，剥离哗众取宠，保持对"空"最大的敬意，巧用空间折角与光线流转，打造现代宅寂美作，还原古食初味之本心：溯源古食，回归璞真。以方为窗，画圆为光，设计师将"天圆地方"的传统哲理融于空间之中，使其更具韵美深邃，亦彰显古食初味的品牌精神。

空，即是无限。设谷设计充分解读这一命题，创造温润质美的食之场所，以温柔的色调彰显食物的暖意，以蕴含"天圆地方"传统哲思的几何墙面营造轻奢环境，枯山水、点线面，仪式感无处不在。空间的变化和移动自然形成了通道与公共空间，遂插入植物让整个空间仿佛置身于户外大自然中，达到了外景内置的效果。

在快节奏的商业生活中，能让食客们沉浸其中，与食物对话，与自身对话，这正是空间的意义所在。商业空间与宅寂之美的融合，产生艺术性极佳的建筑和灵活的内部空间，解决宅寂的度的把控，让普通大众都能感受到诧寂之美正是设计需要克服的挑战。

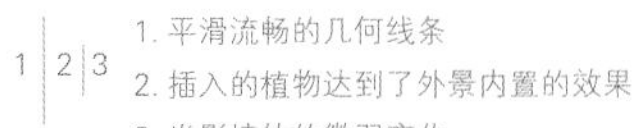

1. 平滑流畅的几何线条
2. 插入的植物达到了外景内置的效果
3. 光影墙体的微弱变化

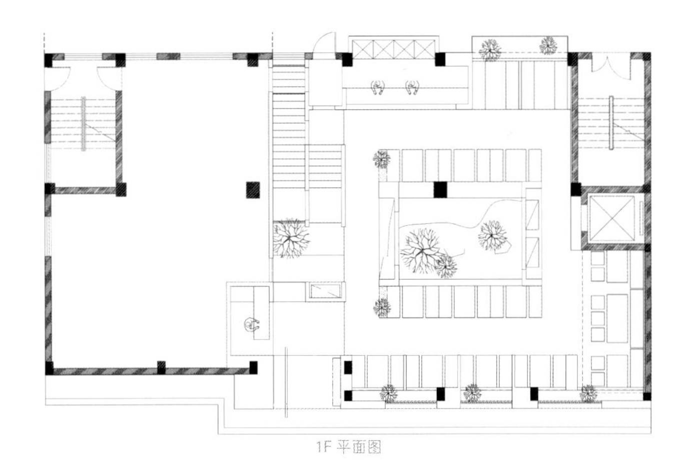

1F 平面图

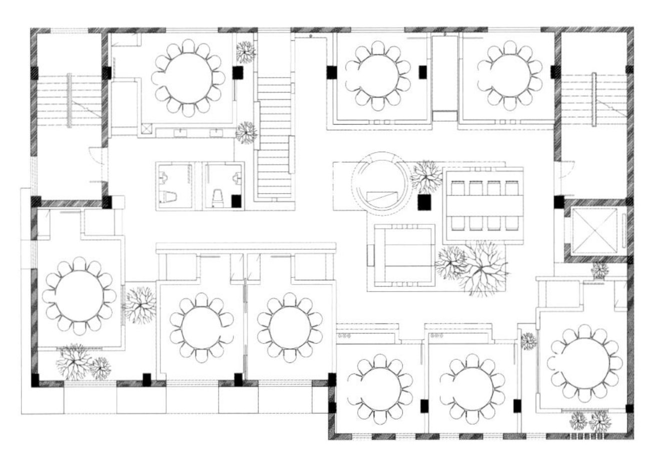

2F 平面图

1. 卡座处引入室外光线
2. 以方为窗画圆为光
3. 极简侘寂的建筑思维
4. 粼粼光影灵动婆娑
5. 间或可窥的绿意
6. 建筑体块与光营造出的明暗关系
7. 墙体结构高低错落的疏密关系

欧社上海博华广场店

概　　念：Farmyard
设计单位：Sò Studio 轶梦室内设计
面　　积：260 平方米
坐落地点：上海
影像制作：Kore Studio
摄　　影：Philippe Roy、林虹辰
插　　画：王浙

欧舍位于上海博华广场，是一家法式融合餐厅，博华广场由 60 层的办公塔楼与零售商业部分构建而成，坐落在上海自然博物馆旁，四楼餐厅整排落地窗外的北侧大露台面朝吴淞江，视野极佳。餐厅名字取自一种常见草药 oxalis，它是主厨 Jonas 最早开始寻觅的草药之一，Jonas 把餐厅定义为“Bistronomy”，意寓酒馆与美食的融合。

空间设计的灵感来源于主厨故乡的法国农庄，对美食的理念根植于季节和自然。所以这次我们用空间设计的语言来讲述一个“生长的秘密”，意图用现代的设计手法打造一个富有生命力的承载法式农场庄园浪漫情怀的用餐空间。明亮的空间基调，藤编、木材和白色大理石共同营造出轻松的用餐氛围。生长的意义就是超过原本的样子。在吧台、餐区、包间的地面，利用材质的延伸作为生长意象，将相同的材质从地面延伸到墙面，从墙面延伸到顶面，从内部空间延伸到外部空间，既显眼又协调统一。

1 | 2
1. 接待区的屏风
2. 墙上是绿色手工砖

餐厅中无处不在的弧形和藤编元素为空间定下了轻松的基调，顶部弧形的灵感来自温室的弧形棚顶，给予“生长”以温柔和保护。接待台同时也作为一个屏风，将完全通透的空间在入口处进行一定程度的遮挡，藤编和植物使内部空间若隐若现。入口吧台区域浓郁的颜色搭配不同于内部整体轻松明亮的氛围，我们为吧台区域设计了一个更合适饮酒交谈的环境，超过 4 米长的黑色吧台和墙上的绿色手工砖，搭配大理石台面和层架背景处的壁画，座椅选用 Ton 经典的 14 号椅的高吧椅版本。白天，大面积的建筑原始落地窗使视线毫无阻隔，冷色的天光与餐厅内的暖光相撞相互渗透，使空间呈现出独特的清新和松弛。天光渐暗之后，空间中的基础照明使墙地面的中性色彩在暖光中呈现出另一种柔和的氛围，主灯选用磨砂玻璃材质的球形灯具，确保柔和的光线能够到达每一张白色大理石桌面。

主餐区中部的长沙发将藤编用于装饰背面和侧面，软包则选用鲜绿色布料。关于植物的材质和颜色的组合为空间增添了生命力，长沙发的背后就是开放式厨房，从每位客人的角度都可以看到厨师们忙碌的身影。

餐厅后区有两组座位位于弧形的藤编顶棚下，以强烈的包合感营造出更有私密感的用餐空间，同时强烈的造型感也成为整体长型餐区的一个视觉端景。包间面积只有 16 平方米，酒柜通透的设计以及多材质的搭配消除了密闭空间的紧张感，酒柜以外的三面墙体均铺贴瓷砖壁画，客人仿佛在林中用餐，主背景墙中间凸出的发光藤编造型成为富有形式感的背景。

值得一提的是，我们有幸与年轻插画师王浙合作，邀请她为室内墙体以“灵气的植物和动物”为主题进行壁画创作。她的画风活泼鲜明，充满想象力，与餐厅的法式风格不谋而合。从入口处的酒吧延展到私密的包厢，一系列的绘画创作以瓷砖烧制的方式呈现，新颖别致，营造出美妙的用餐氛围。画面中的植物灵感来源于欧洲常见的蔬果和香料草本，质朴的轮廓和色泽充满了生命力，不起眼的小昆虫增添着动感和灵气，惊喜的是主厨家的小猫也意想不到地出现在画中。美味总是与趣味相伴，不是吗？

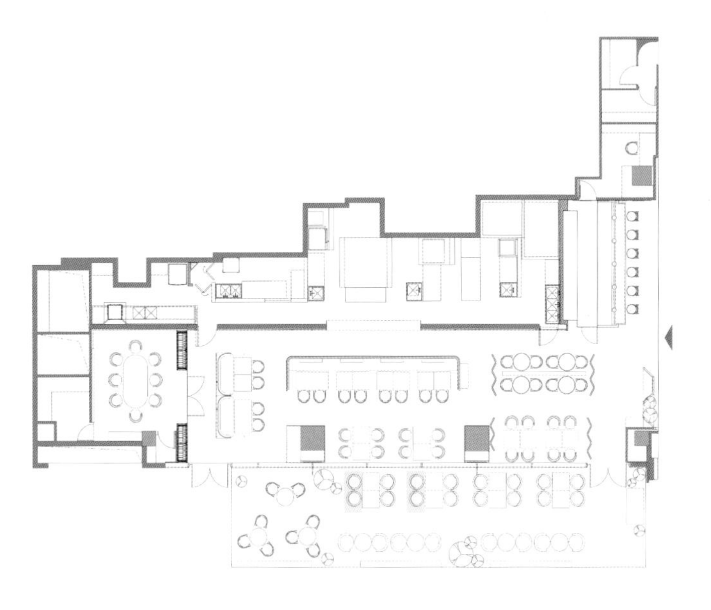

平面图

1. 活泼鲜明的主题壁画
2. 色彩浓郁的吧台
3. 开放式厨房
4. 弧形的藤编顶棚
5. 小包间

OXALIS
EST 2018 · SHANGHAI

thé ATRE 茶聚场北京王府中环店

设计单位：Sò Studio 轶梦室内设计
灯光设计：AILD 筑映照明设计
面　　积：135 平方米
坐落地点：北京
影像制作：牧一制作
摄　　影：丁宇豪、Elbe

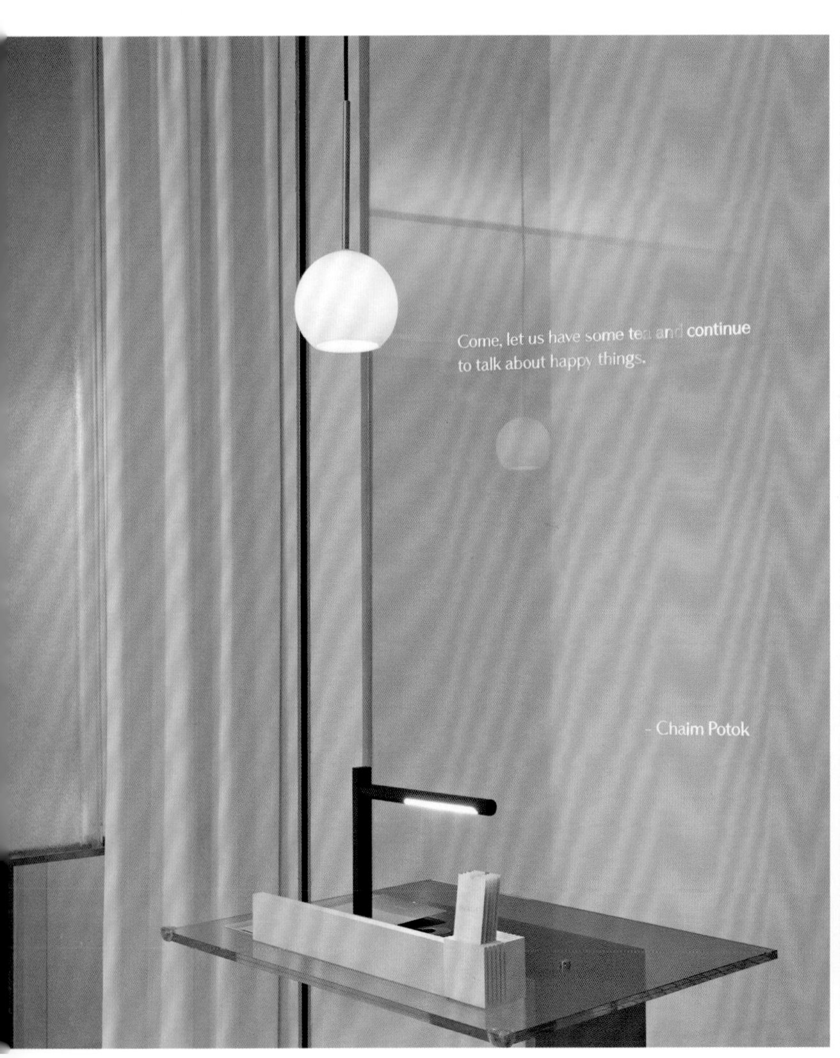

thé ATRE，剧场——聚场，一个超现实的茶园，在都市里享受品茶的仪式感。

“打开”是我们对空间做的第一件事情，将外立面打开留出下方三分之一的空间与室外完全相接，希望客人能第一眼感受到室内发生的故事，第一眼看到茶园和产品。外立面的材质第一次尝试用 U 型玻璃，玻璃本身的肌理感可以看到室内斑驳的影像如油画般的笔触。外立面打开，将室内茶园的白色飘带露出来，形成一个共享的茶园空间，加强了内与外的对话。从外部看白色飘带连成一体，内部发着暖光也将整个视觉中心都聚集在茶园里，模糊的不真实的虚影让人想马上走进去一探究竟。

空间内部是“橙色”的白空间，选用了 2700k 色温的灯光，有些重点区域甚至用到了 2200k 色温的光源，暖暖的琥珀色让人更容易产生亲近感。从设计的角度讲空间是整体的、朴素的、高级的，并不想让颜色分散人的注意力。四种不同肌理的白色让空间的前后关系自然凸显出来，同样三种白色的石材通过不同的冷暖和反光强化空间的冷静极简，而外立面的帘子和白色金属的飘带又形成了最强烈的反差。我们塑造了淡淡的距离感，又营造了若有若无的亲密感，模糊暧昧的关系赋予空间超现实的基因。

清楚的记得在设计中有这样一段对话：“当你看到 Constantin Brancusi 的工作室有什么感觉？有点说不清散落在四周的雕塑，想走进看看每个雕塑的表面，又觉得好像挺相似的。天窗的光线让每个雕塑都有了阴影。”也正是 Brancus 的雕塑作品带给我们装置的灵感，不同的几何雕塑造型给空间带来了一些棱角和趣味。吧台与 VIP 相连在空间的另外一头，将吧台区域整体抬高强化其独立，营造一个更纯净的区域，吧台的右边相接 VIP，入口的感觉同样延续外立面半开放的感觉。

我们在内部做了一个特殊的灯光设计留点惊喜给现场的客人，可变色的灯光控制会在每天 8 点以后让这个“剧场”整体进入另一种情景模式。

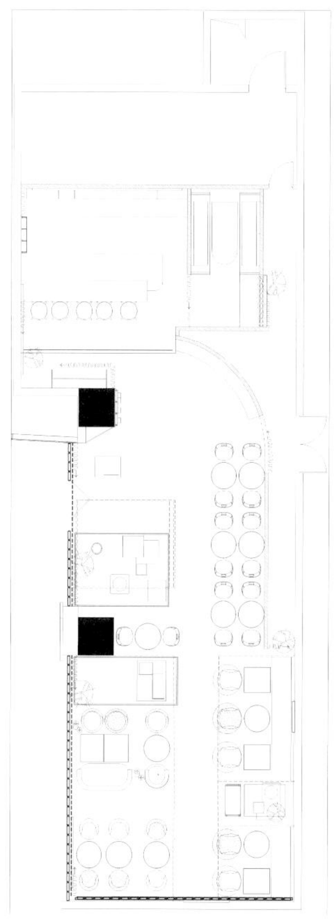

平面图

1. 外立面下方留出三分之一的空间
2. 接待台
3. “橙色”的白空间
4. 空间的前后关系

1 | 3
2 | 4

1. 暖暖的琥珀色灯光
2. 几何雕塑给空间带来趣味性
3、4. 吧台区域整体抬高以强化其独立性

花禾牛浦东店

设计单位：GID 格瑞龙国际设计
设　　计：曾建龙
参与设计：张建、潘勇
软装设计：SCULTURA
面　　积：710 平方米
坐落地点：上海
摄　　影：王厅

1. 门口醒目的花房
2. 红黑相间的走道
3. 服务吧台的细部
4. 前台区域

这是“花禾牛”位于上海浦东的第二家店面，风格上延续了第一家店“花”的主题，店铺面积相对于第一家店也有所升级，使得设计师在设计上有了更多的发挥空间。功能布局合理化和空间功能分类化是设计的基础，同时以满足视觉舒适及功能实用为首要条件。设计师首先将空间功能进行整合，划分为：花房、入口接待区、打卡景观区、包房、开放餐区、卫生间及后勤区。其次建立餐饮业的自有风格，力求在有限的预算内给客户带来最好的情景体验感。花禾牛以花艺、经典、时尚为要素，以“花”为主要元素贯穿整个空间，增强品牌形象。

设计师将“花”元素作为最大的亮点设置在门店外侧，直观地将餐厅标志立于人前。同时背景墙挡住了室内空间，并未全部展示，为客人留下些许想象空间，激发出探索欲，醒目的花房造型自然成为路人话题，吸引增加了入店消费客流量。

顾客在进入餐厅后首先看到的地方就是前台，设计时除了考虑前台的基本功能，同时让它兼具“柜台”的功能。在吧台的后方增加了陈列柜，将一些艺术品及饰品陈列于此，既具美观性又可引导客户二次消费。

互联网时代人人都是自媒体，美的体验最容易激发人们的分享欲。设计师在餐厅里打造了几个景观拍照打卡点，置入了网格、花墙、镜面等元素，以提升空间的美感，客人在拍摄后将照片上传至社交平台的同时间接完成品牌的传播。

餐饮空间的设计需为客户带来最佳的空间体验，稳固客户群体以确保后续消费力。设计师将空间合理分化，保证舒适度及流线顺畅度，在此基础上最大程度赋予空间自由度。半开放空间和私密空间满足不同客户的就餐需求，不同的主题包房顺应空间结构分位罗列，每一间既有视觉冲击感又拥有绝对的安静与隐私度，而半开放空间则在相邻座椅间加入圆形的可活动隔墙。

设计师一直希望卫生间也能带来美的享受，兼顾人的基本生理需求和心理需求。一般餐厅为了追求盈利最大化，在卫生间的面积上都有所压缩，使用时会有局促感。本案中设计师别出心裁，提升卫生间的颜值，将它打造成了空间打卡点。另外室内使用不同的灯光系统，在就餐氛围上进行灵活转化，光影在虚实之间流动，为空间注入美好。

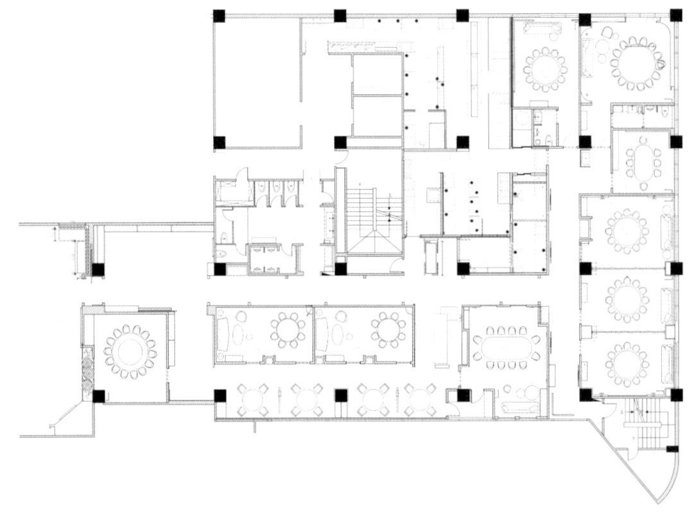

平面图

1. 花墙打卡区
2. 相邻座椅间加入圆形的活动隔墙
3. 具有视觉冲击感的包房

KiKi 面

设计单位：古鲁奇公司
设　　计：利旭恒
参与设计：许娇娇、张晓环
照明单位：石客照明
面　　积：235 平方米
坐落地点：上海
完工时间：2019 年 8 月
摄　　影：鲁鲁西

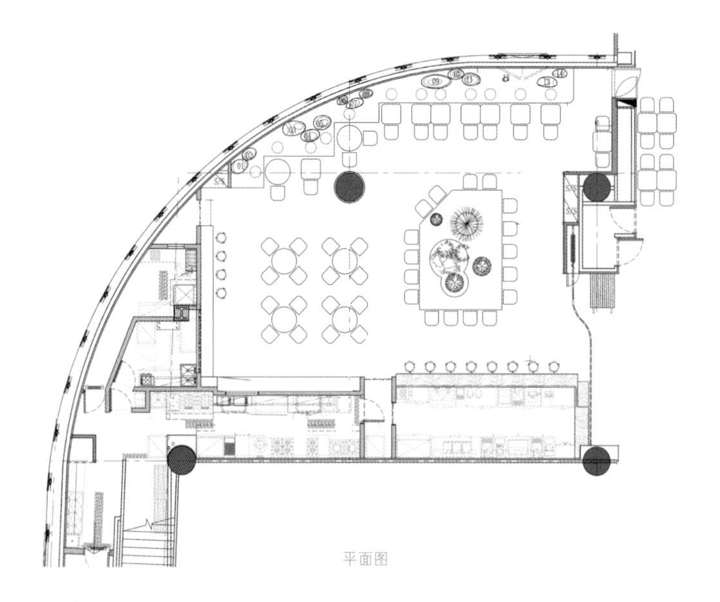

平面图

檐前石叠山，林间云窥人

路过上海的香港广场时，一家名叫“KiKi 面”的面馆由演员舒淇“亲自站台”，吸引了不少人的注意。细细打听之下，原来这是舒淇开的面馆，古早味十足的“台南手工日晒面”是这家面馆最大的特色。

行至 KiKi 面的门前，最先映入眼帘的莫过于轻斜的白色屋檐下那辆旧时台湾街头的煮面手推车。走近细看，手推车上面琳琅满目摆放着各种出自 KIKI 的食品杂货，甚是丰富有趣，好像下一秒，带着客家口音的台湾阿嬷就会从面车后面抬起头打招呼，问你要买点什么。抬步往里走，忙碌的煮面师傅专心地在布帘后烹饪，满满蒸气缭绕与忙碌的身影成为面馆不可或缺的一部分。厨房布帘的设计是从多年前台湾的第一家店开始就沿用至今，它代表着一份初心。不管 KiKi 在世界的哪个角落驻足，想要做最好吃的面的初心都不会改变。

餐区能容下近 20 人的大吧桌将面馆转化为共享空间，方形的共享桌子中心是精心设计的微小景观，即使是一碗面的时间，也希望将心灵带到安静的山水远方。吧桌上方天花上的造型如同传统建筑中的屋檐与天井，再目视远处林荫雾袅的墙面，宛如坐在天井之下的庭院静静眺望远处的风景。本来应该是热闹拥挤的面馆设计成这样的宽敞氛围，也不过是想要给来往的人们一个小憩的场所，看看眼前的山水，“远眺”庭院之外的山林，给心灵一个小小的放空。

从吧桌往前走是食品杂货的售卖区域，食客不仅可以吃到一碗热气腾腾的台南手工日晒面，更可以满足想要自己进行料理的食客。绕过吧桌再往里走又是一处惊喜，葱郁山林的壁画前是一排特别的卡座，鳞次栉比的“山石”替代了传统的沙发，成为卡座的靠背，与背后的山林相互呼应自成一景。这里的空间是个弧面，如同全景的落地窗将景色尽收眼底，卡座层层叠级又是一个个矩形的单元。

KiKi 像一个面馆里的“文艺青年”，不追求热闹与喧嚣，只愿带来温柔和静谧。面馆是来自中国台湾的品牌，概念源自台湾传统建筑中屋檐下的庭园，因此可以看到天花板上有白色围合的屋檐，用现代方法来解释传统台湾建筑的空间逻辑，屋檐成为天空的画框。

1. 店面入口处
2. “山石”成为了卡座的背景
3. 共享桌子中心是精致的微小景观

KiKi

1. 墙面是林雾袅绕
2. 屋檐成为天空的画框
3. 厨房布帘的设计沿用至今
4. 天花上有白色围合的屋檐
5. 食品杂货售卖处

KiKi 麵
Fine Goods
KiKi

莫糖 MO'S CAKE

设计单位：深凡设计
设 计：张奇永
参与设计：关乐、刘佳
面 积：150 平方米
坐落地点：黑龙江哈尔滨

“美应该是最明明白白的人类现象之一，它没有沾染任何神秘的气息，它的品格和本性根本不需要任何复杂而难以捉摸的形而上理论来解释。”这段话出自卡尔西的《人论》艺术篇。美有时是不自知的，而正是这种不自知凸显了美的自然流淌，美同时也是美好的事物与心愿，一丝淡淡的刚刚好的甜。

想要实现这份美好的女主人为这方小天地取名“莫糖”，名字中透露着取舍和几分自信的淡然。美虽不自知，但一定是自信的，现实中实现美的过程是要经历客观条件考验的。这间甜品店共有二层，空间狭长，层高受限。一楼根据功能需求，需要集接待、展示柜、冷藏柜、收银、客流通道和部分餐位于一身。圆弧形柜台的设计既能弱化狭长空间的锋利与平铺直叙，又对客流作出了缓解和引导，柜台的另一端则用钝角收缩柜台面积，为工作人员预留进入吧台和操作间的通道。

步入二楼空间，圆弧形逐渐演变为更柔和的曲线，刚硬的楼梯成为流淌的奶油，连接至被规划利用为制作间的二楼一角。发光的墙面、异型的曲线桌椅，半圆的小吊灯，均是为了弱化空间的狭长感，同时淡淡的暖色同曲线一起，代表着女性柔和之美，契合甜品店的目标客群属性。除此之外，一至二楼并无多余装饰物，棚面、墙体和地面的铺装呈体块分割，增加空间的体积感和立体感。

营业后，很多顾客反映甜品店的入口不容易找到，但找到后推开门仿佛从周遭进到了另一个世界。周围的世界太嘈杂，而那扇洁白的门像是在说：我不想再添嘈杂的声音，我不争不抢，不用夸张的门头，但我张开怀抱，欢迎你的到来。

1. 甜品台及吧台
2. 圆弧形柜台
3. 曲线座椅
4. 空间狭长

1 2 | 3 4 5

1. 暖色的楼梯扶手
2. 楼梯如同流淌的奶油
3. 极简的结构
4. 发光的墙体和半圆的吊灯
5. 卫生间一角

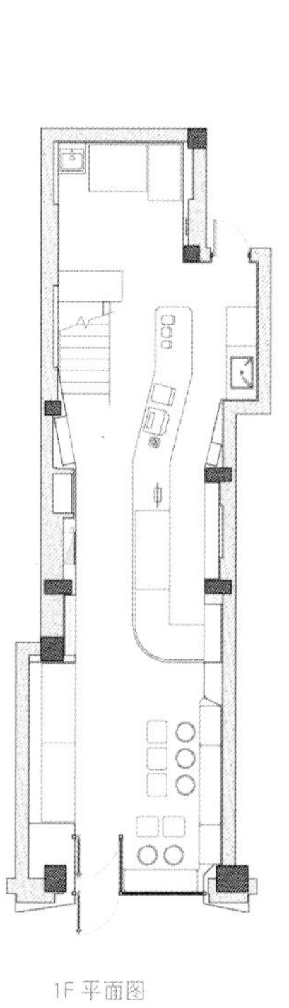

1F 平面图

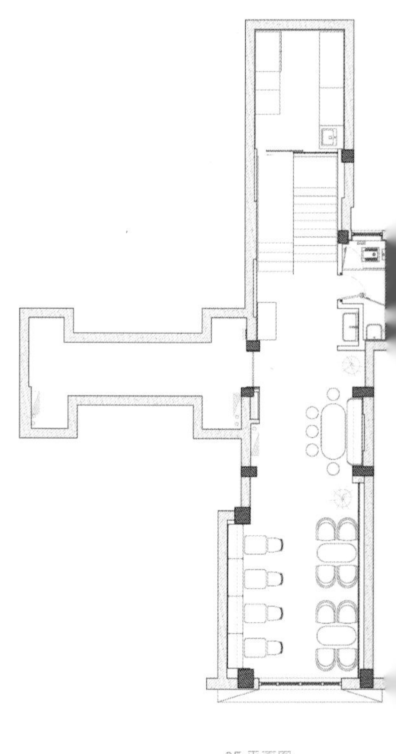

2F 平面图

朴墅・石虎山壹号店

设计单位：杭州观堂设计
面　　积：600 平方米
主要材料：风化木、艺术手刮漆、原石面
坐落地点：浙江杭州
完工时间：2019 年 11 月

青芝坞，杭州市区里的村落，位居植物园，与“灵峰探梅”相接，紧挨浙江大学玉泉校区，有许多特色餐饮、咖啡馆、民宿聚集于此。“朴墅”是青芝坞的一大招牌，主营杭帮菜，开业七年来，门庭若市，好评如潮。继第一家定位大众的朴墅后，店主林先生和汤小姐意欲打造一家升级版餐厅，将更精品的食材和更精致的厨艺呈现给客人，由此有了朴墅·虎山壹号店。

设计中引入了轻宅寂风，宅寂是日本美学意识的一种，强调尽量摒弃人为的繁复与奢华，接受至简至素的本质。宅寂之美，需要静下心来，努力在不完美中发现美领略美，更是一种禅宗与哲学。

餐厅整体采用低饱和度的大地色系，柔和轻松。大厅里用风化木做隔断，保留木头的纹理与质感。主人收藏的整木雕刻渔船展示在明档上方，暗合宅寂氛围。“朴墅”的店招经铜板手工锤击，留下原始敲打痕迹。光影透过镂空，落在背后墙上，看似无实则有。

二楼保留了部分建筑结构，尽可能还原空间本质，将景观最大限度开放给客人。木窗外是漫山茶园，绿意掩映，建筑仿佛隐身，客人可全身心沉浸于茶田绿野之中。三楼包厢按中文数字命名，房号印在墙上，一目了然。每扇门，每个墙体，每个折角，顺势而为的选用弧度倒角，圆润柔和。餐厅里的细节看似毫不经意，实则在用最质朴的方式体现简洁寂静之美。

石虎山路隐藏于青芝坞里却鲜有人知，背后是漫山遍野的茶园，一条小径蜿蜒上山。山野间，沏一壶龙井，点一桌精致的杭帮菜，看似不动声色，品来却满满都是心意。

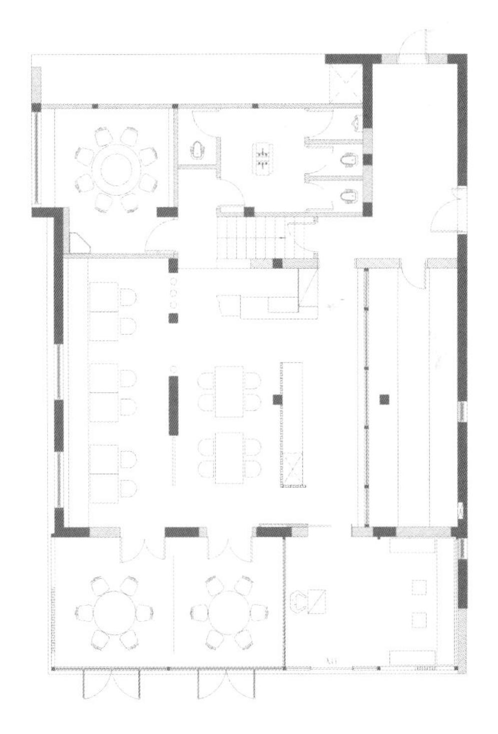

1F 平面图

1. 庭院中的餐厅

朴墅

1. 窗外是漫山茶园
2. 将房号印在了墙上
3. 店招铜板经过了手工的锤击
4. 风化木隔断保留了木头的纹理和质感
5. 质朴简洁的包间

深圳喜茶 LAB 旗舰店

设计单位：TOMO 东木筑造
设　　计：陈贤栋、肖菲
参与设计：廖筱璇、何婧、罗泽双、彭思斌
面　　积：1,200 平方米
主要材料：灰白麻石、银色砂面金属、火山岩、金属肌理砖、岩板、LED 透明屏幕
坐落地点：广东深圳
完工时间：2019 年 9 月
摄　　影：肖恩

营造“沉浸式体验园林”的互动消费体验，成为东木设计在深圳首家喜茶 LAB 旗舰店创作中的核心逻辑。

追溯项目本源，以起承转合的序列式观景节奏，注解建筑的艺术语境。建筑外立面保留建筑原始灰砖，以转角渐变的方式穿插金属砖块，传统底蕴注入新的视觉装置艺术。临街立面借助现代科技和艺术手法的融合，在入口处营造空间代入感。室外延伸至室内的格栅体块，循环播放意境万千的山水画面，与檐下雨帘的造景虚实相映，传统与现代碰撞出别样意趣。

设计师以极简的手法营造庭院景观，造就了明朗和开阔的贯穿格局，多重美学借景自然，不同材质形成的肌理寓物以形，激活庭院的观赏美学与实用功能，同时拓宽了社交场域的人流均衡度。入口处由景观、互动体验装置、圆憩小站的引入，形成良好的步入体验。空间中自由布局的游廊形式，蜿蜒地形成景观与人、人与人之间的不同交流方式。

室内结合现代水墨、数字科技、光与视觉美感互动的技术，呈现不同场景的沉浸式体验。空间内部界分为五个不同的实验室，一楼的周边实验室、制冰实验室、甜品实验室、插画实验室，二楼的茶极客实验室，由下至上贯穿整个空间，予人以丰富的五感体验。周边实验室位于入口处，承接着外立面 LED 电子墙面上的诗意影像动态，结合了金属格栅的线条美感，与多元周边产品的陈列关系融和一致。制冰实验室和甜品实验室，极简银色水纹的金属体块吧台、砂岩质地的灰色地面、有序阵列的泡泡灯，同时配合制冰、甜品的明档展示，串联起不同区块的空间趣味性。插画实验室三面开敞，视野开阔清朗，流动自由。不同于常规设计中以满取胜的商业布局，座椅的排布由室内延伸至室外，疏密有序。

拾级而上，沿着电子艺术装置景色变幻的律动，步入二层空间的茶极客实验室。采用整体天花照明手法，以类格栅形态正面发光，与斜屋顶形成块面穿插，两侧墙面运用的凹凸金属砖材质，与精致的缎纹拉丝金属形成材质的碰撞与对比。临窗而坐，沿着翻折式窗棂望去，葱茏见绿，清新舒怡。

围绕着整体空间核心，金属电子帘情境体验装置游走于空间中，更替播放不同时节的场景，春雨淅沥、夏花绚烂、秋日星空、冬雪簌簌，时空的更迭变幻昭示着无限的生命力。二层是“月寄思”的艺术构思，皓月当空、星河涌动的美好画面跃然眼前，金属 LED 帘在不展示特殊效果时，同样作为别具禅意的艺术装置而存在。

1. 建筑外观
2. 园林式的消费体验
3. 周边实验室的影像动态

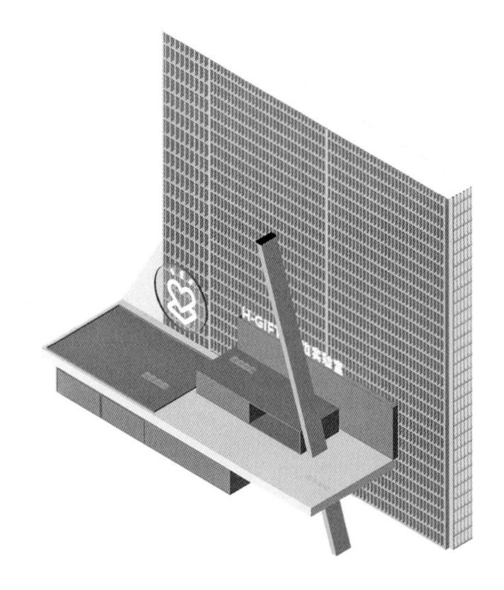

轴测图

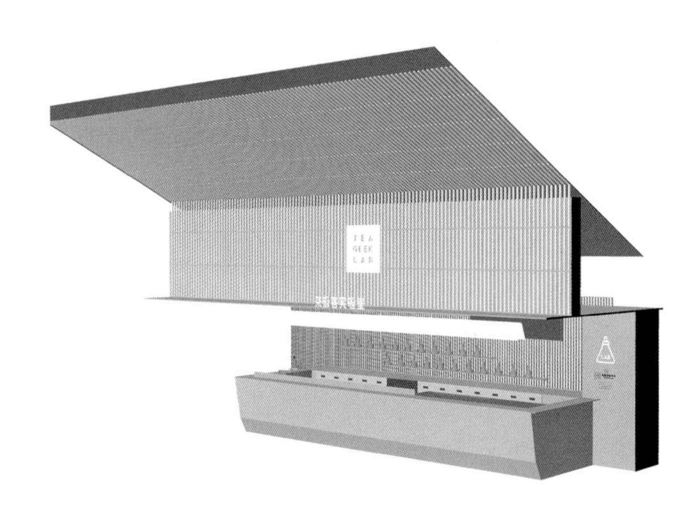

轴测图

1 | 3
2 | 4

1. 楼梯
2. 插画实验室三面开敞
3. 制冰实验室和甜品实验室的极简银色
4. 贯穿空间的电子艺术装置

INSPIRATION OF TEA

Lolly-Laputan 儿童餐厅

设计单位：Wutopia Lab
主持建筑：闵而尼，俞挺
项目建筑：濮圣睿
参与设计：李明帅，刘嵩，蒋雪琴
设计咨询：上瑞元筑设计顾问有限公司
灯光顾问：无锡市涣承照明电器有限公司
面　　积：580 平方米
坐落地点：辽宁大连
完工时间：2019 年 5 月
摄　　影：CreatAR Images

Wutopia Lab 在大连设计的 Lolly-Laputan 儿童餐厅是百造与 Fairyland 联合推出的共同品牌，餐厅中可以看到百造的课程和教具，业主希望寓教于乐，让孩子们在游戏中学到知识，这基本是中国第一家学习型的亲子餐厅了。

有一天早上女儿用绘画描绘她在白云里自由玩耍的梦境，我想把这个美好的梦境建造成真实所在，让更多的孩子分享美好事物，为他们打造一个仙境。Lolly-Laputan 儿童餐厅的外观是层层涟漪，我们把铝板按不同的孔径和冲孔率打孔，形成一个又一个涟漪，这些涟漪相互交织在一起，环环相扣，宛如梦境的真实面目。孩子们好奇而欢快，雀跃地穿过涟漪进入一个梦幻的世界。

前厅是光之森林围合的圆形空间，森林由 1000 根亚克力圆管组成，它能模拟阳光穿过茂密的树叶时形成的光线，产生朦朦胧胧的抽象的森林感受。通过镜面墙的反射，让孩子们在丰富多彩的光之森林中漫步。仙境的中心是白云乡，孩子们在亚克力的白云海洋中自由玩耍嬉戏，或在天空、或在水上、或在地上。白云里还藏着红色树屋、小木屋、滑滑梯、海洋球池和小绵羊们，白云乡的中心则是可爱的旋转木马，围绕着白云乡的是灰色就餐区。

转角正对白云乡的是金色城堡，仿佛一切都从沉寂中复苏。华丽的烛台、摇曳的烛火、温暖的壁炉、银光闪闪的餐具，放声大笑，享受美食。此外有一个不起眼的小角落，隐藏着一个白色美术馆，和欢快的城堡有些不一样，这里是静谧的用餐处。

仙境里的每个孩子都是主角，我们打造了一个梦幻舞台。红色的天鹅绒帷幕缓缓拉开，仿佛是一个古老的回忆，灯泡招牌一闪一闪，古旧的木地板，还有漂亮的壁纸和水晶花枝灯，用餐和表演均可。涟漪在远处呼应地闪烁，未来与过去直接交汇在一起。卫生间也有孩子们的白日梦，女孩的白日梦中云片灯和镜子就是可爱的棉花糖，男孩的白日梦则是与宇航员与星空相伴去探索未知。

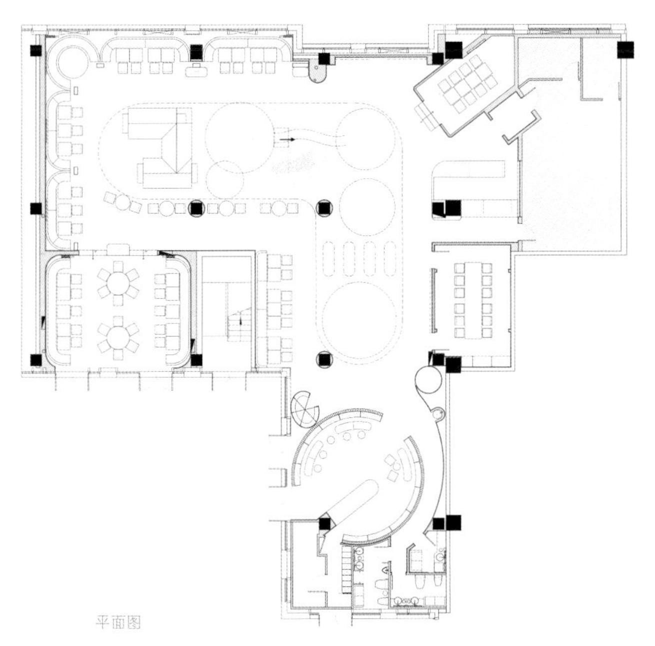

平面图

1. 层层涟漪的外观
2. 白色美术馆的用餐区
3. 灰色就餐区

1 | 3
2 | 4

1. 梦中的白云乡
2. 灰色区域
3. 光之森林由亚克力圆管组成
4. 可爱的旋转木马

苏州盐业大厦宜必思尚品

1. 惬意的吊床
2. 通透的玻璃连接起室内外
3. 清新的草木绿

设计单位：纳索（上海）图文设计咨询有限公司
设　　计：方钦正
参与设计：谢飞、高瑶、李建宝
面　　积：530 平方米
主要材料：木材、金属 、壁纸、 涂料
坐落地点：江苏苏州
完工时间：2019 年 5 月
摄　　影：许文磊

IBIS STYLE 以自然舒适的设计理念，让繁忙的旅者停下脚步，进入驿站。实木前台与象征着河流山川的几何造型壁纸给旅者多一分亲切。安静的峡谷河流、清新的草木绿电话亭与弧形壁灯、惬意的吊床、野营的小汽车，无不传递着大自然的气息。悬吊的灯箱与漂浮的霓虹灯给空间增加了戏剧感。餐厅的糖果色吊灯如同丰硕的果实，绿色的座椅仿佛在草地上野营。

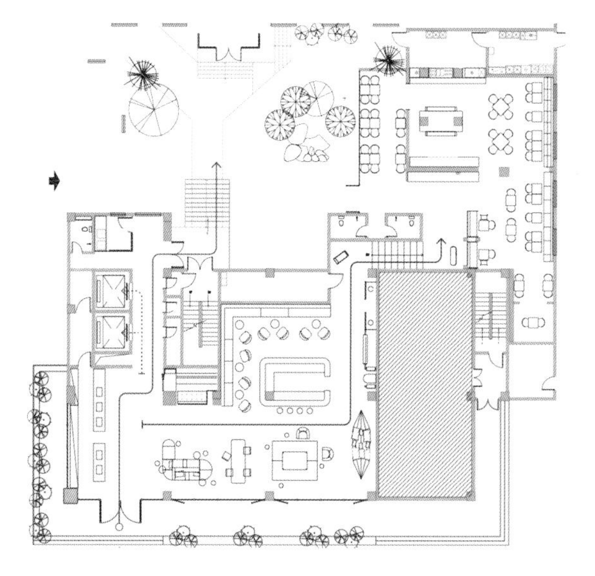

平面图

Good morning
BREAKFAS
TIME
enjoy your day
Fresh Start
ORDER HERE
KITCHEN
hi
LOVE
Breathe
&

Good morn
BREAKFAS
TIME
enjoy your day

1. 糖果色的吊灯如同果实
2. 取餐处
3. 悬吊的灯箱
4. 通往卫生间的走道

口八丁手八丁日本料理

设计单位：LONGTEAM 珑腾商业空间设计
设　　计：汪良珑
参与设计：李红、林张翔
面　　积：220 平方米
主要材料：深色铁刀木、生铁、铜板、蓝金沙大理石
坐落地点：浙江温州
完工时间：2019 年 1 月
摄　　影：徐宁龙

1 | 2

1. 餐厅外立面
2. 品牌 LOGO 为九宫格

口八丁手八丁，译为中文大体是“能言善道、心灵手巧”之意。日料之髓，除在食材之鲜外，更在制作、盛具、摆盘等之精上。于是本案便以品牌名的内涵以及主打菜式九宫格小碟这一外延为切入点发想开来。

提到日本，江户时代是一个绕不开的名词，德川治下尤其前中期，政治的安定带来经济繁荣，町人文化盛行，尽管相较于武士阶层，町人地位仍然较为低下，但层出不穷的文娱方式却也营造了一个“享乐至上”的浮世。“江户十秋送流光，反指他乡是故乡”，松尾芭蕉表达的也许是一种乡愁，但这也从侧面反映出彼时江户确为宜居之所。

“若无能言善道之商贾，若无心灵手巧之工匠，江户难成其势。”故而，设计师以町人文化盛行之下的江户城为背景，以“江户流光”为主题，借其娴熟的空间表现手法还原彼时气韵。本案的平面布局以平城京为参照，横平竖直，四刀分九块，流通简洁利落。设计师着力于处理层高与大开间中场的空间尺度关系，抬高走廊区，并且合理降低客餐区桌椅高度，使下沉区的“静”与抬高区的“动”形成对比。客餐区上空以一定坡度悬吊町屋式倾斜顶棚，弱化了低矮横梁对整体空间的压制，两相结合，将身处道场般的仪式感融入到客户用餐体验之中。

外立面左侧三分之一处为入口，其顶部七字型挑檐造型上的线条分割方式常见于日式传统建筑的外墙抑或移门。品牌 LOGO 为一简洁的九宫格，既是不动的地盘九宫，亦是万变的三阶魔方一面。设计师特意将其中一格略作旋转，于是定中现动，光始流转。右侧三分之二立面约齐视线高处以开口方式，给往来客群提供了一窥内中风貌的展窗。

步入接待区，黑棕色木饰面打造的前厅沉稳而不孤冷，拾级而上，可见艺术玻璃围合的空间中，小菜台上金木交替起伏的立方柱在灯光掩映下，如绵延的山峦、亦如跌宕的波涛，正是"凯风快晴山头夕照，神奈风起浪里飘摇"。右转经过门洞，走廊右侧下沉区域以江户町内熙攘的街巷为蓝本，客座布局似街旁小肆，依下沉区中轴呈对称分布，之间的走道与中轴垂直，规整的格局便是一个微缩版的平城京。客区顶棚以町屋斜顶为参照，略有角度变化的坡面也为灯光效果提供了更强的可塑性。卡座背后透出略带冷色的灯光，如武士刀划过空气迸发雪影的瞬间，将客餐区切割为三个完全相同的体块，专注且精准，一如日本料理的严谨及匠心。

在还原时代意蕴的基础上，设计师在表现手法和时代精神的呈现上也有所扬弃，所谓"江户流光"，非流萤断续光那一明一灭间不可堪的寂寞，而是安稳现世中人可尽其能且恣意洒脱的欢歌。桌面的装饰吊灯选型为武士刀刀柄，尽管江户的现实是武士阶层高高在上，然在一个现代的空间中，武士之刀，何不可断其刃、执其柄，仅为这众生欢愉守？

平面图

1. 接待区的黑棕色木饰面
2. 客座布局呈对称分布
3. 吊灯造型为武士刀刀柄
4. 艺术玻璃围合的小菜台

阿里疆新加坡店

设计单位：经典国际设计事务所
设　　计：王砚晨
参与设计：李向宁、王梦思
面　　积：434 平方米
主要材料：银河灰石材、黄铜切割屏风、印花刺绣皮革、印花丝绒、镀膜蓝镜
坐落地点：新加坡
完工时间：2019 年 1 月
摄　　影：王砚晨

丝绸之路，东西方经济文化交流的重要纽带，世界文明的辉煌诗篇。伊斯兰文明，承接东西方文明之阶梯，兼容并蓄，绵延不衰。新疆，丝绸之路十字中枢，亚欧大陆腹地核心，四大文明交汇处，中国第一座清真寺诞生地。

孜然，被称为“调味品之王”，伴随着丝绸之路的兴盛由西域传入中国，它的独特香味浓郁、热烈，成就美食之魂。在整体的空间设计中，选取孜然做为主单元形，用伊斯兰传统装饰纹样的组合手法，演变设计为全新和极富创意性的专属图形，通过不同材质、不同工艺的呈现，贯穿于空间的每个角落，连接整个餐厅空间，彰显品牌个性。

门头造型借鉴伊斯兰建筑风格中的拱券和伊斯兰服饰，采用白色不锈钢板，激光切割出孜然形创意图案。入口的装置选取丝路精神的象征——骆驼，诚邀雕塑艺术家手工塑造骆驼形态、彩绘多彩孜然图案，以长者风范，沉稳地领航在绵绵细沙中，展现丝绸之路不畏艰险、勇于开拓的精神，焕发当代活力。

入口区的圆形天花设计取自伊斯兰建筑穹顶，点缀传统纹样。垂挂一盏超大体量的组合吊灯，透明的蓝色玻璃和古雅朴素的形体，散发着深邃迷人的异域风情。入口卡座就餐区的墙面，一侧为孔雀蓝色皮革印有多彩孜然图案，重点局部刺绣，另一侧钻石形平面分割营造神秘幻境，搭配以铜色金属屏风。

明档就餐区，伊斯兰建筑中经典的连拱廊式样演变为铜色圆管造型，交错穿插变化，吊灯选择伊斯兰传统饰品形态及纹样，铜色金属切割。大厅宴会区的天花造型设计，灵感来源于丝绸之路中重要的元素水和钻石，水象征生命和希望，钻石寓意神圣永恒，通过几何形单元体的重复组合，配以水滴形水晶吊灯，营造波光粼粼、璀璨绚丽的梦幻之境。

孔雀蓝丝绒隔断的灵活围合出私密就餐空间，搭配柔美花朵形吊灯，长桌群友围坐，恍若漫漫行旅中的华美幔帐下。在功能上，幔帐拉开即可兼顾宴会的开放和互动性，成为空间中不可多得的风景。

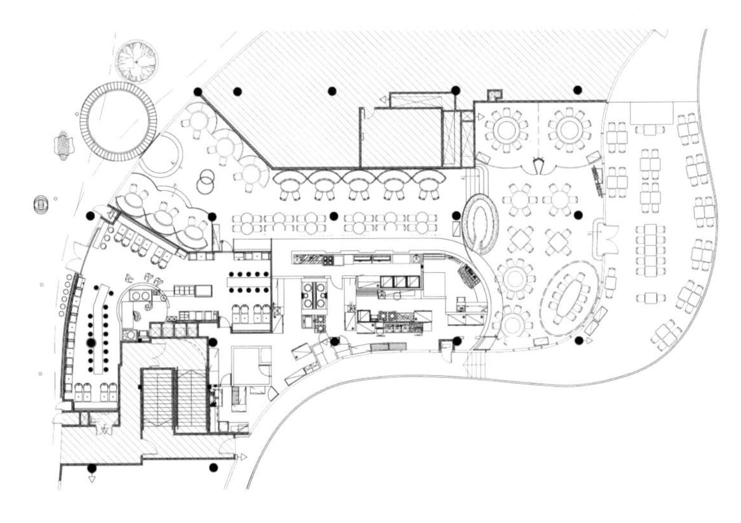

平面图

1. 户外餐台
2. 蓝色玻璃散发异域风情
3. 多彩的孜然图案
4. 蓝色是空间的主色调

1 2

1. 孔雀蓝丝绒隔断围合出私密就餐空间
2. 盛宴

胡须有你

设计单位：杭州意内雅建筑装饰设计有限公司
设　　计：沈佳琪
参与设计：季雯珺
面　　积：185 平方米（室内）、265 平方米（户外）
主要材料：水磨石砖、拉丝不锈钢、涂料、石膏线条
坐落地点：浙江杭州
完工时间：2019 年 8 月
摄　　影：乾唐品牌 & 三见摄影

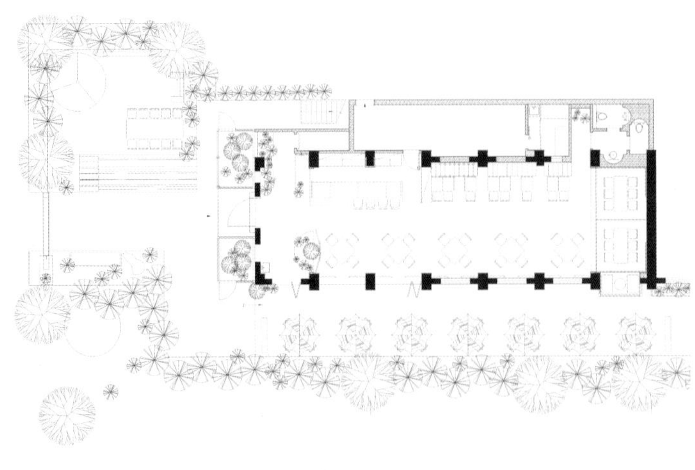

平面图

胡须先生初期是一个以售卖鲜花为主的电商品牌，本次项目是做为一次新的尝试，把鲜花和生活相结合，通过线下门店和餐饮，跨界找到更多的可能性。项目位于杭州运河天地艺术文化园区内，环境优美，植被茂盛，并自带户外花园。设计上通过连结室内与室外，打造了一个自然生态餐厅，使人身在其中能够感受到自然的馈赠。

项目功能定位多元，需要满足鲜花的展示与贩卖、就餐、聚会、举办活动等等。原建筑一层本为胡须先生的工作室，是一个长条形单一空间，通过鲜花区、就餐区、包厢区把主要空间分为三个部分，以满足客人不同的需求。

进门首先是鲜花区，包括鲜花及相关物品的展示与贩卖。客人可以在此处感受到当季花卉的绽放，并在临走时带一束鲜花回家，为生活增添一份生气。吧台在具有鲜花展示功能的同时还具有酒水制作的功能，连接起鲜花区与就餐区。就餐区的桌椅可以变换成多种摆放方式，适应不同的功能需求。包厢区做了局部抬高，推拉门全部打开后就形成了一个舞台，为各种活动的举办提供了条件。客人可以在这个空间中喝下午茶、吃晚餐、喝酒，也能够举办生日宴、婚礼、商业活动等等。

主入口处设计了一个植物阳光房，与建筑外立面的爬藤及周边的植物相互呼应，并与室内联结。户外花园也做了功能的区分，前院一侧抬高做了一个户外平台，在植物生态墙之中暗藏了投影幕，夜幕降临后作为露天电影院之用，也能在聚会与活动需要的时候，放映影片或背景乐来制造气氛。建筑的一侧摆放了一些户外桌椅，当推拉门打开后，作为室内的延续使内外互通，感受自然与空间的连接。

主要材料有水磨石砖、拉丝不锈钢、涂料、石膏线条等等，都是常见与经济性的材料，通过设计，让普通的材料有了新的可能性。家具进行了二次利用，通过对原有桌椅表面材料的更换与软装的搭配，去适应空间的整体氛围。我们希望，用一束花开的时间与生活和解，带来更多的可能。

1. 入口花园
2. 优美的户外花园
3. 吧台可自制酒水

1 | 3
2 | 4|5

1. 空间分为三个部分
2. 一侧的推拉门全部打开后使内外互通
3. 鲜花展示与贩卖区
4. 室内外融为一体
5. 户外座位可感受季节的变化

SPACE
MOMENT
MOMENT
BLESS
FRIENDSHIP
LAUGHTER

REMERCY

喜粤 8 号

设计单位：上瑞元筑
设　　计：范日桥
参与设计：陈骏、王慧、黄硕
面　　积：180 平方米
主要材料：火烧板、铁刀木、板岩肌理板、镀铜不锈钢
坐落地点：上海
完工日期：2019 年 11 月
摄　　影：徐义稳

受喜粤 8 号品牌创始人林先生和简主厨的委托，打造一款全开放式厨房的就餐空间。餐厅主要用来接待圈内大厨朋友，他们从各国而来，会受邀驻场 3 天，根据当季食材即兴发挥。餐厅位于上海 8 号桥创意园区，紧邻喜粤 8 号汝南街店，是一家典型的无国界料理餐厅。

米其林榜单的发布让更多人知道这个传奇的品牌，正因如此，喜粤 8 号新店的设计将面临更大的挑战，我们与喜粤 8 号品牌创始人的深入碰撞，确定了新店的一些重要思考。

以高级灰为空间视觉感受，灰度中编制不同的质感，与金色进行碰撞，具有建筑感和抽象的表达，高雅而纯粹的体验契合高级料理餐厅的调性。料理的精致和复杂造就了对用餐环境的仪式感要求，强调对称的布局以营造序列感，同时舒适的尺度也让人能更好地享受主厨带来的美食。

从入口玄关的“先抑”到进入零点区的“后扬”，空间的节奏进行了有效的梳理。窗外的阳光透过剔透的玻璃砖，呈现美妙的空间体验。两个金色和一个白色的盒体反扣在各个区域之上，搭配造型呈现出不同的感受，墙面各种灰度的材料相互交织，细腻高雅又不失时尚。

1. 餐厅外立面

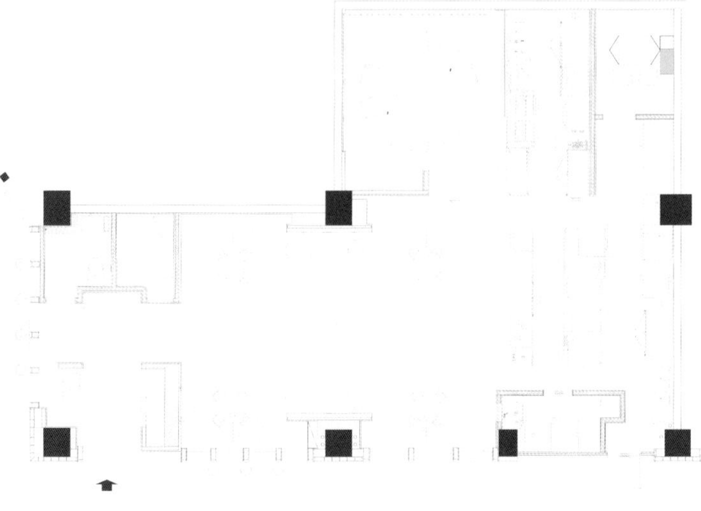

平面图

1. 抽象的装置
2. 窗外阳光可透过剔透的玻璃砖
3. 对称的布局营造序列感
4. 墙面各种灰度的材料交织
5. 包房
6、7. 不同的灰色与金色进行碰撞

真鲷馆

设计单位：瑞图装饰设计
设　　计：黄志勋
参与设计：杨茜茜
面　　积：345 平方米
主要材料：编织地毯、艺术漆、实木地板
坐落地点：浙江温州
完工时间：2019 年 6 月
摄　　影：范文耀

藏．一尾鱼的解构主义

对于一个绝对的主角元素，是直接的给予还是间接的潜藏？我们给出了折中的逻辑。在设计的最初立意到最后所有细节的铺陈，鱼的元素被一直重视，并被立在逻辑的一线。但在所有的环境构建之中，我们将这一主题元素通过彻底的解构，用蒙太奇的手法，丝丝扣扣地影射在由无数细节剪影出的整体环境之中，最终完整呈现出主题的核心理念。

入口门厅处，在空间的建立上采用高级适度的简约和收敛的空间感去做处理。只用大面积纯粹的主色调和对撞色来进行视觉渲染，大胆违弃了常规的门厅要开阔热闹的平庸设置，选择更为含蓄内敛的区域设置。入门的主视线以飒然直接的半尾鱼型装置决定了视觉落点，立于墙上的装置采用了叠层的手法，在人物动线的行进之中，无论从哪个角度都能完整的接收这一装置的观赏性。

在进入整个餐厅的主体之前，从前厅到迂回的过道，设计的精美之处在于将情绪和氛围情绪压制在更为收敛和低调的控制之中。空间的收抑合和之感与鱼元素的直接式开放投射虚实相交。经历了前半部分的收隐含藏，经过过道之后的空间豁然呈现出大开放、大视角、大布局的落差之意，整个空间完整的、利索磊落地摆放了出来。无论是在视觉还是沉浸情绪上，建立了具有戏剧冲突的落差美感。阶梯位置的设计解决了平层空间的立体维度，亦在空间上由视觉落差造成了更为放大的效应。而落差带来的益处，除了营造类形于舞台感的生动性外，也成功隔离了主体之外复杂和不可控的外部环境所引入的不良视觉干扰。

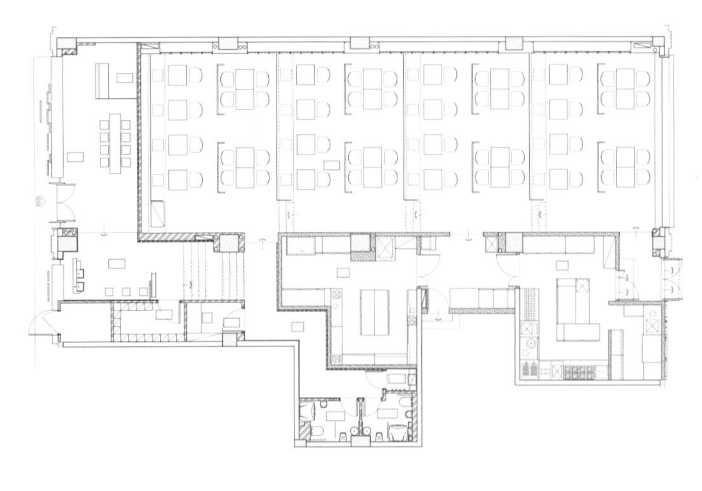

平面图

1. 半尾鱼型装置成为视觉落点

真鯛

1 | 2 | 4
3 | 5

1. 等待区细部
2. 换鞋区
3. 空间的过渡
4. 明朗酣畅的大开式主餐厅
5. 墙面花纹的灵感来自古代石窟雕刻中对鱼的简化手笔

在明朗酣畅的大开式主厅环境之下，我们将鱼元素解构成许多细节，潜藏和安放在整体的大环境之中。这是个戏剧的、充满了想象力的迸发，蒙太奇的手法会将完整的事件进行剪辑，用局部的表现力贯通全场。我们把鱼的形象进行隐藏与后现代主义的抽象化，在大视角之后才会发现，主墙体的图案隐含了一部分鲷鱼身体的形象。而墙面花纹的设计灵感则来源于古代石窟雕刻中对鱼形及鱼鳞的原始简化手笔，同时在着色面积上艺术化的展现鱼鳞与身体的视觉投射，在视线的有效落点之中将其展现出来。

冲突与对撞、平层与立体、理念与实用、写意与写实、简约与精工。我们制造矛盾，并让它们焕发出跌宕精彩的光芒，犹如珍珠的饱和与耀眼，即使周围暗淡，也难掩它风华潋彩。

Yeoyuumi

YooYuumi 亲子餐厅丽都店

设计：李想
参与设计：范晨、张文吉
面积：1000 平方米
主要材料：木材、石膏、PVC 金属、石材、壁纸、皮革
坐落地点：北京
完工时间：2019 年 7 月
摄影：邵峰

有别于游乐场等传统亲子空间，亲子餐厅是糅合不同人群社交需求的场所，体察家长与儿童的心理差异性，在同一空间内同时照顾到成人所需的仪式感与儿童业态必备的娱乐性，打造出一个以新式浪漫为基底，惬意十足的亲子餐厅品牌 YooYuumi。

前厅被赋予了接待、零售、休闲等复合功能，几组精心雕琢的橱柜与舒适的软包沙发打造出优雅的会客厅，让消费者如同做客友人家。前厅的装饰样式延伸至换鞋区，犹如走进城堡，设计师运用西方贵族生活场景下的空间叠进仪式感，衬托出对空间客体展示出的优雅礼仪服务。来到剧院舞会主题的餐厅区，桌椅错落分布地摆放，利用有限的层高在餐区外围搭建出了城堡般的儿童娱乐区，一条高低灵活多变的路径串联起游乐设施。就餐区与娱乐区的不同格局设计分割出不同的氛围，不仅让家长们得以享受优雅的用餐环境，又于局部空间释放了小朋友嬉笑热闹的游乐场景。对仪式感的极致追求更体现在卫生间的设计上，设计师改造了古董衣柜以承载洁具，打造出一隅幽雅的休息区。

运用建筑设计的思维，将中国传统剪纸手法合并西方美学线条，使家具及墙面造型像是从墙上翻折而出，优雅而具童趣，凸显的立体感丰富了空间的层次。空间感十足的拱形与线性元素，通过元素的解构、重组、变体、迂回，让空间在繁复的肌理之上依然留有协调的舒适感。纯净高雅的白色勾勒出明亮轻快的主色基调，精美的花卉图样巧妙地表现在不同介质的家具上，统一的花纹像泼墨般恣意游走在纯白画布上，使空间有了灵动的色彩，又引申出了一条明确的追随主线。用青花蓝重塑了绿植图案，烘托出了空间的生机盎然，其余大色块则填充了歌剧质感的浓郁撞色背景，结合拱形帷幔打造出舞台场景感。欧式门拱与中式剪纸的形式呼应，歌剧质感撞色与雅致青花蓝的色彩衬映，中西方美学韵味在此相遇，迸发出审美意趣的奇妙对话。

1 | 2 | 3

1. 精心雕琢的橱柜
2、3. 舒适的软包沙发

1	4	5
2 3	6	7

1、2. 城堡般的儿童娱乐区
3. 以古董衣柜承载洁具
4. 青花瓷重塑绿植的图案
5~7. 统一花纹如泼墨般游走在纯白画布上

GFD 杭州广飞室内设计事务所

GFD
INTERIOR
DESIGNS

GFD 广飞设计，致力于专业地产、酒店、商办、高端私宅设计，主创团队皆来自于国内外专业设计院校。

inDeco 领筑智造

indeco 领筑智造

一站式互联网公共空间设计装修服务机构，采用互联网思维，充分利用图像识别，3D 扫描等前沿技术，结合行业实际现状自主研发 SaaS 系统、AI 设计系统、工程管理 APP 及人工智能辅助工具，致力于彻底打通产业链接，达到高速提效以及成本控制。

S ò Studio 轶梦室内设计

Sò Studio

由吴轶凡和刘梦婕创立于上海的空间事务所，在创意中充分应用想象力，凭借严谨的知识基础，创造出具有独特视觉效果以及能够感染人心的空间与氛围。

TCDI 创思国际建筑师事务所

1998 年在澳门成立，总部设于广州，由世界各国的资深建筑师组成，提倡“设计赋能”理念，践行“立体设计管理”。

八旬

乡村实践建筑师。

柏振琦

毕业于华东师范大学，裸筑更新建筑设计事务所创始人，设计项目涵盖城市更新、建筑设计、室内设计及工业设计等多个类别。

邦邦

深圳市布鲁盟室内设计有限公司创始人、创意总监。

卜天静

吾觉空间设计设计总监，吾觉空间设计始终对世界保持好奇与激情，以更多元的视角关注世界设计动向，借此不断为作品注入更新鲜的血液。

岑立辉

毕业于广州大学环境艺术系、境库建筑设计总监。设计实践多样性的空间形式，拓展跨界建筑景观领域，尝试以不断创新的理念，在有限的时间和成本控制范围内呈现优秀的设计价值。

曾建龙

GID 格瑞龙国际设计有限公司创始人、新加坡 FW 国际设计中国区负责人、亚太酒店设计协会中国区副秘书长。琅宿酒店投资管理有限公司创始人、东方卫视《梦想改造家》首位设计师、融舍艺术生活方式品牌创始人。

陈彬

ADF 后象设计师事务所创始合伙人、武汉理工大学艺术与设计学院副教授、武汉设计联盟学会会长、中国室内装饰协会设计委员会委员、中国建筑学会室内设计分会理事、中国陈设艺术专业委员会副主任委员。城市记忆设计研究者，坚持做“有美感、有细节、适度而优雅的设计”。

陈锋

其设计理念为顺应自然、追求极致，将审美理念融入到空间中。设计风格是将现代主义与传统美学相融合，实用性与观赏性之间实现平衡。

陈德坚

毕业于英国 De Monfort University 室内设计系，德坚设计创始人。曾任香港室内设计协会会长和香港设计中心董事之职，在任期间致力提高公众对室内设计文化、以及对香港创意产业发展的关注。

陈福

铭品装饰大宅设计院设计导师、中国注册高级室内建筑师、高级商业美术设计师。

陈辉

十上设计事务所总设计师，追求设计空间上更多的可能性，倡导个性化的量身定制空间。

陈鸣

毕业于南京艺术学院景观设计系，景观设计师、室内设计师，南京市青年设计师分会理事。

陈熙

黄山山水间微酒店创办人、和同设计顾问公司创办人。

陈贤栋

深圳东木筑造设计事务所创办人。

陈诣杰

南京拿云室内有限公司创始人、APDF 亚太设计师联盟企业会员、APDC 亚太设计师联盟资深会员、中国建筑装饰协会会员、《Dlife》杂志特邀编委、南京家居平台特邀编委。

陈熠、肖锋

陈熠（左）
毕业于南京艺术学院，马蹄莲空间设计创始人、设计总监。
肖 锋（右）
毕业于南京林业大学，马蹄莲空间设计创始人、设计总监。

方峻

FWG 设计集团创始人，中国香港多元跨界知名设计师。

春山秋水设计

春山秋川

由几位青年设计师共同创立，致力于雕琢每件作品所独有的鲜明特质。“春山秋水”四字蕴含着四季更迭万物循环的自然哲学，试图从时光流逝中寻求亘古不变的设计真理，从时间、空间、以及自然三个维度达成和谐统一。

崔树

CUN 寸设计公司创始人，带领中国未来设计力量掀开设计浪潮新篇章，其设计作品主要体现出时代特征，提出企业运营空间的名词概念，完成企业办公效率最大化的空间设计。

戴昆

北京居其室内创始人、建筑师室内设计师、创基金理事，近年来集中于住宅室内设计领域，倡导实用、美观、经济的设计理念。

邓鑫

B&D 博睿大华工程设计机构创始人、创意总监，云南省旅游业协会环境与艺术设计分会会长，昆明市建筑室内设计协会会长，云南瓦筑酒店管理有限公司创始人。

杜柏均

心 + 设计学社会长、上海柏仁装饰工程设计有限公司创始人、中国室内装饰协会理事、中国室内装饰协会设计专业委员会委员、北京清华大学研修讲师。一直秉持着将生活哲学融入个人设计的理念，作品透露着丰富的人文主义精神。

反几建筑设计事务所

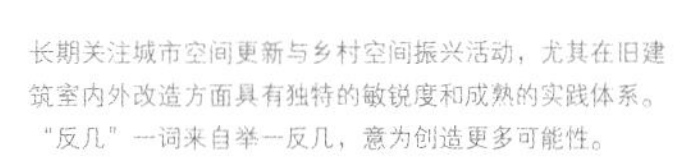

长期关注城市空间更新与乡村空间振兴活动，尤其在旧建筑室内外改造方面具有独特的敏锐度和成熟的实践体系。“反几”一词来自举一反几，意为创造更多可能性。

范日桥

上瑞元筑设计有限公司创始合伙人、中国建筑学会室内设计分会第三十六专业委员会常务副主任、江苏省室内设计学会常务理事、法国国立科学技术与管理学院项目管理硕士、江南大学设计学院建筑环艺学部研究生第二导师、江苏省青年美术家协会会员。

黄齐正、黄小影

黄齐正（左）
中国柒筑空间设计有限公司创始人、CCTV 央视《空间榜样》设计师。
黄小影（右）
中国柒筑空间设计有限公司创始人、中国建筑学会室内设计学会（温州分会）副会长、中国室内装饰协会陈设艺术专业委员会温州陈设委委员、CCTV 央视《空间榜样》设计师。

方磊

现代简约设计先行者，都市精英生活方式引导者，壹舍设计创始人。

方钦正

法国纳索建筑设计事务所合伙人，出生于台湾，曾赴英国曼彻斯特大学攻读建筑专业。毕业后来到上海，2010 年成为上海世博会最年轻的国家馆主持建筑师，近几年参与众多外滩保护建筑的改造设计项目。

葛亚曦

LSDCASA 创办人，中国著名室内设计师，深圳市室内设计协会轮值会长，SIID 深圳室内建筑设计行业协会理事长。

共生形态

广州共生形态工程设计有限公司的核心团队由知名设计师彭征先生以及多名优秀的职业设计师组成，设计业务涵盖酒店、商业、地产、办公等领域。

共向设计

共向设计强调研究、重视方法，不断追求创新，始终用心于设计，潜心于项目的实践，是一支经验丰富国际化视野的设计团队。

郭捷

ENJOYDESIGN 创始人、创意总监，中国当代建筑室内设计师。

韩磊

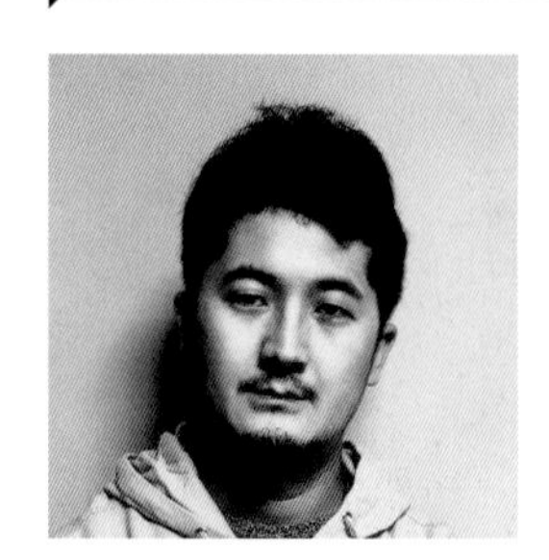

HOOOLD 空间设计创始人，毕业于西安建筑科技大学艺术设计专业，庐山手绘训练营学习、米兰理工大学深造学习，中国建筑学会室内设计会员。

韩文强

中央美术学院建筑学院副教授，建筑营设计工作室创始人。主张以传统智慧观照现实环境，秉持“空间即媒介”的基本观点，运用“关系的设计”方法，随物赋形、为心造境，保持人、自然、历史、商业与空间环境的和谐平衡。

何武贤

山隐建筑创办人、中国科技大学室内设计系兼任副教授，中国建筑装饰协会、中国设计年度人物大会执行委员会委员，台湾室内设计专技协会第八届理事长。

何永明

何永明设计师事务所创办人，广州道胜设计公司创办人，广东省陈设艺术协会副会长，中国建筑学会会员、中国建筑学会室内设计分会理事。

何宗宪

P A L DESIGN GROUP 设计董事，香港室内设计协会会长，香港贸发局设计市场及授权服务业谘询委员会委员。

胡飞

从业以来一直专注于室内空间设计，用创新的手法，执着于将设计演绎到极致，诠释空间的生活意境。

胡若愚

中国建筑学会室内设计分会会员、IAI 亚太建筑师与室内设计师联盟理事会员、厦门喜玛拉雅设计装修有限公司设计总监、大璞设计联合机构董事。

胡昕

杭州典尚建筑装饰设计有限公司设计总监，毕业于浙江大学建筑学，浙江省勘察设计行业协会装饰设计委员会委员。

胡游柳

未来设计（深圳）有限公司创始人，ICDA 国际建筑装饰室内设计协会高级室内设计师。

黄灿

同济大学艺术陈设专业毕业，专注研究文化艺术设计和软装陈设设计，工墨 GM Design 艺术总监。

黄迪

上海平介建筑设计事务所创始人、主创设计师，荷兰 PARALLECT（平介设计）事务所创始人，苏州大学建筑学院特聘导师。

黄全

中国 80 后室内设计领军人物，提出用现代化的设计语言诠释东方传统文化，以符合当下审美的设计理念。

绣花针艺术设计

绣花针艺术设计
XIUHUAZHEN ART DESIGN CO.
东方美学 人文空间

绣花针的创立是缘于创始人张震斌先生一直以来对于中国传统文化的浓厚情结，传承文脉深度，织绣艺术生活，是秉承的核心理念。在传统、当代和未来之间我们甘愿做一根绣花针，穿针引线，弘扬设计匠人的时代精神。

黄三秀

边界空间设计创始合伙人，用研究的态度对待每个项目，挖掘拓展空间功能和精神价值，关注探寻空间边界和精神边界以及相互的影响。

黄永才

从不定义自己是设计师，而更像是一个生活的观察者，空间的导演。在“标准化”和“模仿”成风的设计江湖，其先锋性、原创性的设计却能同时带来艺术般的感官刺激和巨大的商业成功。

黄志达

RWD 黄志达设计创始人及董事长，中国建筑装饰协会设计委员会副会长、宁波市室内设计师协会名誉会长。

黄志勋

中国室内装饰协会设计专委会委员、CIDA 高级室内设计师、CIDA 陈设艺术高级设计师、IFI 国际室内设计师 / 室内建筑师联盟会员、温州建筑学会室内设计专委会执行委员、温州景观协会理事。

蒋国兴

现任叙品空间设计有限公司董事长，荣获“苏州文化产业 2018 年度人物”、法国双面神奖“年度 TOP1 最具国际影响力著名设计大师奖”等荣誉。

蒋友柏

橙果设计创始人、著名跨界设计师、著名数字互动艺术内容策划人。其设计创意领域带有强烈个性的美学风格，致力于运用新技术和新材质与深厚的中国传统文化艺术完美对接。

琚宾

设计师、创基金理事、水平线设计品牌创始人兼首席创意总监。致力于研究中国文化在建筑空间里的运用和创新，以全新的视觉传达解读中国文化元素。

巨汇设计

来自台北，聚合了创造力、高效执行力和多元文化背景，传达一种普适的世人文精神，成就了一系列基于地域而超越地域的商业文创地标项目。

李宽喜

品奕装饰设计创始人、后视觉艺术培训机构合伙人、东南大学建筑与艺术客座教师、中国建筑文化研究会陈设艺术专委会理事、南京室内设计学会青年设计师分会副会长。

李想

唯想国际创始人、CEO，跨界创立家具品牌 XIANG，实现了对空间整体性的极致呈现。

李益中

李益中空间设计创办人、设计总监，都市上逸住宅设计创办人、设计总监，深圳大学艺术学院客座教授，中国建筑学会（全国）理事。

李智翔

丹麦哥本哈根大学建筑研究，纽约普瑞特艺术学院室内设计硕士，水相设计总监。

利旭恒

出生于台北，英国伦敦艺术大学荣誉学士、古鲁奇公司设计总监、知名餐饮空间设计师。作品涵盖了各种型态的餐饮空间，融合知性细腻的人文思维和严谨周详的专业态度，从创新的角度对每一个项目进行处理，让人们能够在一个完全现代的风格中回顾中国传统的概念。

蔡文奇、梁建国

蔡文奇（左）

北京集美组董事、总设计师，中国高级室内设计师，IFDA 国际室内建筑师、设计师联盟会员。

梁建国（右）

国际著名设计师，制造 · 中创始人，北京集美组创办人，ADCC 陈设委执行主任。

梁景华

P A L Design Group 创办人、香港贸易发展局基建发展服务咨询委员、美国林肯大学荣誉人文学博士、香港室内设计协会名誉顾问、创基金创理事。毕业于香港理工大学，致力追求创新、永恒及简约的设计，擅长融合东西方文化，将设计与艺术交融并兼具实用性。

梁宇曦

西舞定制设计出品人、佛山墨象设计顾问合伙人。

梁智德

广州市本则设计有限公司创始人、首席设计总监，建筑专业出身，有着扎实的美学基础，贯通室内、园林、环境设计。

林琮然

CROX 阔合总监 & 创始人、米兰 Domus Academy 建筑与都市设计硕士、台湾中华大学建筑与都市设计学士，2016 年成为意大利米兰三年展和威尼斯双年展策展人。

林嘉诚

室内建筑设计师，漳州明居装饰设计有限公司掌门人和寸匠熊猫品牌联合发起人，儿童空间设计领域集大成者，首位将德国早教之父菲纳克斯教授的育儿理念完美融入中国幼儿空间的设计师。

林伟而

思联建筑设计有限公司创办人及董事、总经理，毕业于美国康内尔大学建筑系。
美国康乃尔大学建筑系顾问委员会成员、英国泰特美术馆 (Tate) 的亚洲艺术收藏委员成员。

林文格

米兰理工大学设计学院硕士、清华大学经济管理学院硕士，文格空间设计品牌创始人、创意总监，溪山行旅文创发展创始人，中央美术学院建筑学院、清华大学美术学院实践导师。

刘荣禄

跨界建筑、室内设计师及艺术家，刘荣禄国际空间设计创始人、甲鼎室内设计创始人，京典软装陈设联合创始人。

刘卫军

空间魔术师、全球华人知名室内建筑师、PINKI（品伊国际创意）品牌创始人、董事长兼首席创意总监、中国十大高端住宅设计师。

卢敏卿

院在读。曾主持设计中华人民共和国第四巡回法庭，被中国建筑装饰协会评为“有成就资深室内建筑师”。

吕永中

中国建筑学会室内设计分会副理事长、中国陈设艺术专业委员会副主任委员、吕永中设计事务所主持设计师、半木 BANMOO 品牌创始人。毕业于上海同济大学，留校任教逾 20 年，长期致力于建筑室内空间及家具设计。

马海依

米兰理工大学设计学硕士，张雷联合建筑事务所助理合伙人兼任室内设计中心主任。

内建筑设计事务所

内建築 interior architecture studio

以孙云和沈雷为核心的设计团队内建筑设计事务所自成立以来，重新审视建筑与室内设计长期割裂的关系，并以来自舞台设计和建筑设计的不同教育背景以及不同领域的实践经验，让作品呈现出更加丰富多元的创作思维。

尼克

苏州尼克设计事务所艺术总监、苏州北岸建筑装饰设计有限公司董事、中国注册高级室内建筑师。

潘鸿彬

香港 PANORAMA 泛纳设计集团创始人、香港理工大学设计学院助理教授、香港室内设计协会副会长。

潘天云

云行空间建筑设计创始人、设计总监，毕业于南京林业大学，中国建筑学会室内设计分会会员。

庞喜

喜舍创始人、喜研 Life 品牌顾问、庞喜设计顾问有限公司创始人、中国建筑学会室内设计分会理事、四川美术学院公共艺术学院客座教授。

秦岳明

朗联设计创办人、设计总监，深圳大学艺术学院客座教授，中国当代著名建筑室内设计师，中国建筑学会专家库专家。

沈佳琪

杭州意内雅建筑装饰设计有限公司主案设计师。

沈君成

浙江思创合建筑装饰设计有限公司创始人，CIID 建筑学会温州专委会常务理事、CIDA 中国室内设计协会全国常务理事。

沈烤华

全国私宅全程托管模式先行者，南京观享际 SKH 室内设计创始人

叶晖

今古凤凰空间策划机构创始人、高级环境艺术设计师，毕业于广州美术学院，提倡"自然美学"理念，善于用当代语境承载东方人文感情空间，对材质、光影、空间结构有独特的见解和较高的控制力。

宋微建

中国建筑学会室内设计分会副理事长，VJ 设计创始人，连续两届获选中国室内设计十大影响力人物。

孙传进

无锡未视加空间设计创始人、意大利米兰理工室内设计硕士、意大利布雷拉美院艺术设计硕士、中国陈设专业委员会会员、中国室内装饰协会委员。

孙华锋

鼎合建筑装饰设计工程有限公司首席设计总监，中国建筑学会专家库专家，东方卫视《梦想改造家》特邀设计师，中国建筑学会室内设计分会副理事长。

唐凯凯

南京我们设计有限公司设计师。

陶胜

中国建筑学会会员、中国建筑学会室内设计分会理事、注册室内建筑师、江苏省室内设计学会常务理事兼青年设计委员会负责人、南京登胜空间设计有限公司创始人。

田然

有田建筑创始人、高级室内建筑师。

汪良珑

珑腾商业空间设计创始人，中国陈设委成员，亚太酒店设计高级研修班学员。设计宣言"设计，是解决问题的艺术。"

王践

高级室内建筑师、高级室内设计师、宁波市室内设计师协会会长、宁波市建筑装饰行业协会设计委员会副会长、IEED 国际生态设计联盟大中华区副理事长。宁波吉合营创空间设计机构创始人、王践设计师事务所创始人。

王俊宝

毕业于西安美术学院、进修于德国魏玛包豪斯大学，设计师、画家，迪卡建筑设计有限公司创始人。

王善祥

创立上海善祥建筑设计有限公司，以磨剑的心态致力于精品建筑与室内环境的设计，同时从事当代艺术创作。

许智超

上海铭轩建筑设计创始人、南京线状建筑创始人、南京市室内设计学会青年设计师分会副会长、南京市室内设计学会理事。

WJID 维几设计

一家前沿的室内设计公司，具备系统化的运营模式和大型项目的管理能力，打造了一支极具行业竞争力的设计团队。

魏士能

中国全案设计联盟发起人、共合设南京联合发起人、WEI 建筑与室内设计总监。东南大学艺术设计硕士 、D-life 杂志特约编委，设计理念是“让每一寸空间与人的陪伴都刚刚好”。

文超

重庆简璞装饰设计有限公司创始人，毕业于四川建筑学院和北墨尔本科技学院环境艺术设计专业，专注于小型商业空间的专业设计。

吴滨

跨界艺术家、著名设计师，WS 世尊、无间设计创始人。

徐岭啸

出生于香港，美国哥伦比亚大学土木工程学学士和麻省理工大学建筑学硕士学位，曾在纽约著名的贝聿铭事务所就职，树权（上海）建筑设计咨询有限公司创始人。

吴作光

浙江理工大学副教授、2009 德国红点设计大奖、2014 年中国家具金点奖。

谢柯

尚壹扬设计创始人兼设计总监，毕业于四川美术学院，从事设计 25 年。

谢培河

AD 艾克建筑设计创始人及总设计师，主张以感性丰富驾驭理性简约，高妙且自然地融合空间功能与个性。

谢天

中国美术学院副教授、中国美术学院国艺城市设计研究院院长、浙江亚厦设计研究院院长、中国建筑装饰协会设计委员会副会长。

谢银秋

空间设计师、商业美学家、设谷设计事务所创始人、世界华人俱乐部艺术设计顾问。坚持“以学习的心态拥抱世界，以玩的心态专注事业”，用空间诠释品牌，用设计赋能商业，兼顾美学思考与人文关怀。

杨基

毕业于鲁迅美术学院，外层空间设计室设计师，主要从事健身会所空间的设计。

许建国

建国设计机构创始人、 JGA 设计建国美学中心创始人中国建筑学会室内设计学会会员、中国厨房产业设计联盟特聘专家、庐阳区老城更新设计总顾问、合肥市政协委员

许诺

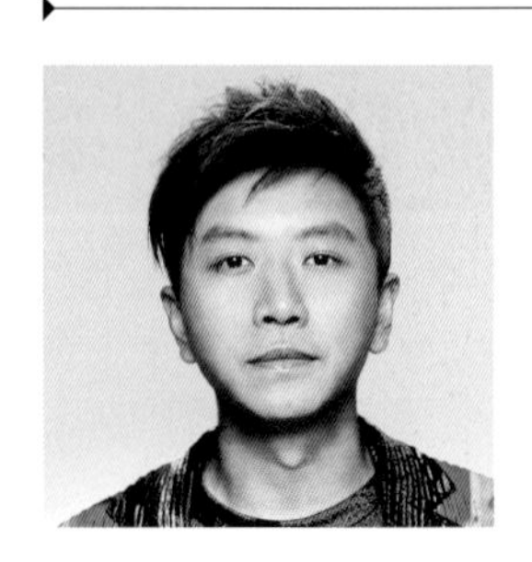

英国巴斯大学修读建筑系，成立工作室 Atelier E Limited，香港设计师协会注册成员及香港室内设计协会执行委员，亚太区室内设计大奖筹委会主席及建筑学院的客席教师。善于把空间连贯得如管弦乐般连绵不绝，进入该空间就如经历一个独特而愉快的旅程般。

杨邦胜

YANG 设计集团创始人及总裁、全球十大杰出华人设计师、亚太酒店设计协会副会长、中国室内装饰协会副会长、中国建筑学会室内设计分会全国副理事长。

吴文粒、陆伟英

吴文粒（左）
深圳市盘石室内设计有限公司董事长、创始人，米兰理工大学国际室内设计学院硕士，中国建筑装饰协会设计委员会副会长。
陆伟英（右）
深圳市盘石室内设计有限公司合伙人，深圳市蒲草陈设艺术设计有限公司创始人，米兰理工大学国际室内设计学院硕士。

杨楠

西交利物浦大学建筑学学士、英国利物浦大学建筑学学士、荷兰代尔夫特理工大学建筑学硕士、现任苏州西交利物浦大学助理研究员。UniDesignLab（一合公社）教育科技有限公司联合创始人、平介设计（荷兰 Parallect Design，苏州平介建筑科技有限公司）合伙人。

姚康荣

毕业于同济大学建材学院、西班牙巴塞罗那大学建筑硕士、杭州海天环境艺术设计有限公司任设计总监。

壹方设计

ONE-CU

壹为无限，方为始终。汇集了来自国内知名设计机构，具有超前意识及项目研发经验的优秀设计师。

易和设计

EH+DESIGN

秉承着“设计美好生活”的服务理念，致力于发展为国内乃至国际房地产设计服务领域的引领者，以大格局，创大未来。

于强室内设计师事务所

YuQiang & Partners
于強室內設計師事務所

于强室内设计师事务所是优秀室内设计师共同工作的设计平台，通过多年的努力建设完成了从设计、造价控制、工程技术到配饰项目以及高端设计产品供货的全方位设计服务系统。

张健

观棠室内设计总监，坚持“每一个项目都是一件作品”的理念，用心投入。

张力

上海飞视装饰设计工程有限公司创始人、设计总监。

张奇永

深凡设计创始人、中国建筑学会室内设计分会会员、室内高级建筑师、建筑摄影师。

张清平

天坊室内计划创始人、台湾室内设计专技协会第九届理事长、中国陈设艺术专业委员会副主任委员、台湾逢甲大学建筑学院副教授、中国美术学院艺术设计研究院客座教授、深圳市创想公益基金会理事、乐乐书屋创办人。以深度提炼的设计思考，忠实反应空间与使用者的内涵，将人与空间的价值形于外，赋予不一样的体验与感动。

张羽、卢尚锋

张羽（左）
上海羽果装饰设计有限公司创意总监，具有独特大气的设计语言和风格，能够很好地平衡设计与商业的需求。
卢尚锋（右）
上海羽果装饰设计有限公司设计总监，对室内设计有深刻的体会和理解，具有发掘事物美学的敏锐触觉。

郑炳坤

毕业于加拿大多伦多 International Academy of Merchandising and Design， Danny Cheng Interiors Limited 创办人，崇尚简约、强调空间感和建筑美。

郑少文

中国建筑学会常务理事、室内设计分会华南区学术委员会副主任委员、中国室内装饰协会设计委员会委员、广东省环境艺术设计行业协会副会长、广东省陈设艺术协会副会长、汕头市装饰行业协会会长。资深室内建筑师、高级工程师、环境艺术高级设计师，广东建华装饰工程有限公司博一组总工程师。

郑展鸿

CEX 鸿文空间设计。

周海新

广州集美组室内设计工程有限公司室内设计总监，毕业于广州美术学院，高级室内设计师。

周微

达文设计创办人、总设计师，倡导以设计重建日常生活的神性。

周游

中央美术学院建筑学学士、纽约普瑞特艺术设计学院设计管理硕士、更新设计创办人。设计不仅仅是视觉上的美观和功能上的合理，而更应该成为一种思考方式和介入手段，从而使设计不仅具有设计价值，并且同时兼备经济价值和社会价值。

朱高峰

园林建筑师、中国造园家、苏州师造建筑园林设计联合创始人、中国《造园行业规范指导手册》编委。其独特的设计逻辑美学和生活美学认知所蕴育的“简境园居”艺术理念，使他成为中国造园行业的领军人物。

裘林杰、朱晓鸣

裘林杰（左）
杭州意内雅建筑装饰设计有限公司主案设计师。
朱晓鸣（右）
毕业于浙江树人大学，idG 意内雅空间设计机构创始人，中国建筑学会室内分会理事，CIID 杭州设计中心和浙江 CDA 室内设计分会会长。一直秉承“空间是物质的，也是精神的”的设计格言。

朱周空间设计

由周光明先生与朱彤云女士成立，后洪宸玮先生加入，三人带领团队至今完成近多个项目，以多元的视角打造出多样化的作品，以当代东方的思维出发，注重人在空间中的实用性以及美感的提升，目的在将美与功能兼具的设计普及。

卓稣萍

毕业于浙江树人大学，现就职于宁波汉格设计。

王砚晨、李向宁

王砚晨（左）

中国西安美术学院艺术学士、意大利米兰理工大学国际室内设计硕士、CLASSIC INTERNATIONAL DESIGN INC 首席设计总监、亚太酒店设计协会理事。

李向宁（右）

意大利米兰理工大学国际室内设计硕士、CLASSIC INTERNATIONAL DESIGN INC 艺术总监、亚太酒店设计协会理事。

俞挺、闵而尼

俞挺（左）

生活家、建筑师、美食家、作家、业余历史爱好者、重度魔都热爱症患者。Wutopia Lab 创始人、Let’s talk 论坛创始人、城市微空间复兴计划联合创始人、FA 青年建筑师大奖联合创始人。

闵而尼（右）

毕业于上海大学，室内设计师，和俞挺创立 Wutopia Lab。以复杂系统这种新的思维范式为基础，以上海性和生活性为介入设计的原点，以建筑为工具，推动建筑学和社会学进步的建筑实践实验工作室。

FilippoGabbiani Andrea Destefanis

FilippoGabbiani（左）

出生于意大利威尼斯一个艺术家和玻璃制造巨匠辈出的名门，在上海成立事务所后，致力于可持续性发展建筑的文化推广及亚洲遗迹建筑的保护和修复，并继续着对艺术玻璃设计的研究。

Andrea Destefanis(右）

出生于意大利都灵的一个舞台艺术之家，2000 年他遇到了 FilippoGabbiani 并联合创立 Kokaistudios，同时继续其对社会和城市环境可持续发展工具的研究和推广。

主编
陈卫新

编委（排名不分先后）
陈耀光、陈南、高蓓、蒲仪军、孙天文、沈雷、叶铮、徐纺、范日桥、王厚然、周红、
周三霞、朱美乐

图书在版编目（CIP）数据

2020中国室内设计年鉴 / 陈卫新主编 . — 沈阳 :辽宁科学技术出版社 , 2020.11
ISBN 978-7-5591-1737-3

Ⅰ . ① 2… Ⅱ . ①陈… Ⅲ . ①室内装饰设计 – 中国 – 2020 – 年鉴Ⅳ . ① TU238-54

中国版本图书馆 CIP数据核字 (2020)第 162415号

出版发行：辽宁科学技术出版社
（地址：沈阳市和平区十一纬路 25号 邮编：110003）
印 刷 者：广东省博罗县园洲勤达印务有限公司
经 销 者：各地新华书店
幅面尺寸：230mm × 300mm
印　　张：80
插　　页：8
字　　数：800千字
出版时间：2020年 11 月第 1 版
印刷时间：2020年 11 月第 1 次印刷
责任编辑：杜丙旭
封面设计：上加上设计
版式设计：上加上设计
责任校对：周文

书　　号：ISBN 978-7-5591-1737-3
定　　价：658.00元（1、2册）

联系电话：024-23284360
邮购热线：024-23284502
http://www.lnkj.com.cn